三北地区
重点推广林草科技成果100项

国家林业和草原局科学技术司　组织编写

中国林业出版社
CFPH China Forestry Publishing House

图书在版编目（CIP）数据

三北地区重点推广林草科技成果 100 项技术手册 / 国
家林业和草原局科学技术司组织编写 . -- 北京 ： 中国林
业出版社， 2024. 12. -- ISBN 978-7-5219-2997-3

Ⅰ. S3-33

中国国家版本馆 CIP 数据核字第 2024QN1914 号

责任编辑　于晓文　于界芬

出版发行　中国林业出版社
　　　　　（100009，北京市西城区刘海胡同 7 号，电话 010-83143549）
电子邮箱　cfphzbs@163.com
网　　址　https://www.cfph.net
印　　刷　北京盛通印刷股份有限公司
版　　次　2024 年 12 月第 1 版
印　　次　2024 年 12 月第 1 次印刷
开　　本　787mm×1092mm　1/16
印　　张　14
字　　数　300 千字
定　　价　98.00 元

《三北地区重点推广林草科技成果 100 项技术手册》

────────── 编写工作领导小组 ──────────

组　　长　李云卿

副 组 长　程　红

成　　员　李世东　王连志　黄发强　宋红竹　冉东亚

　　　　　佟金权

────────── 编委会 ──────────

主　　编　李世东

副 主 编　王连志　宋红竹

编　　委　（按姓氏笔画排序）

　　　　　王小艺　王军辉　王建强　卢　琦　刘　刚

　　　　　刘　蕾　齐高强　许丽俊　却晓娥　何念鹏

　　　　　余　江　辛晓平　沙文生　张守红　张建国

　　　　　周建波　郑永军　孟　平　侯聚敏　姜英淑

　　　　　唐红英　黄文梅　黄宇翔　盛芳芳　崔桂鹏

　　　　　彭鹏飞　程志峰　楼暨康　鲍春生　谭国庆

前　言

　　2023年6月6日，习近平总书记主持召开加强荒漠化综合防治和推进三北等重点生态工程建设座谈会并发表重要讲话，擘画了新时代三北工程建设的宏伟蓝图，发出了打好三北工程攻坚战，努力创造新时代防沙治沙新奇迹的动员令。习近平总书记的重要讲话，为全面推进三北工程建设明确了方向，提供了指引。三北地区各级林草部门牢记嘱托，全面打响三北工程攻坚战，奋力谱写了三北工程新篇章。

　　科技力量是三北工程实现高质量发展的强大引擎，为开展三北工程科技支撑，国家林业和草原局成立了三北工程研究院，实施了七大科技行动计划。为加强先进实用技术对三北工程的示范引领作用，国家林业和草原局科学技术司依托国家林草科技推广成果库遴选发布了三北地区重点推广成果100项，涵盖林木良种、培育与经营、灾害防控、生态修复、草原保护修复及加工与装备等六大领域，并面向三北地区开展了成果推介。为使生产单位进一步明确100项成果技术特征，更好地使用技术成果，我们组织成果所属单位和成果第一完成人编写《三北地区重点推广林草科技成果100项技术手册》，并委托中国林业出版社出版发行。

　　《三北地区重点推广林草科技成果 100 项技术手册》坚持实用性和专业性，主要包括 100 项成果的技术特点、适应范围、应用方法和典型案例等内容，并配备成果照片，内容通俗易懂，可操作性强。本技术手册可供三北工程实施单位和林草技术人员、乡土专家等参考借鉴。

编　者

2024 年 11 月 1 日

目 录

灾害防控

生态修复

草原保护修复

加工与装备

附　录

三北地区
重点推广林草科技成果
100 项技术手册

林木良种

01 '尉犁黑枸杞' 黑果枸杞良种

一 技术特点

针对盐碱地利用和治理，从野生黑果枸杞中选育出新疆首个通过自治区林木良种审定的黑果枸杞良种'尉犁黑枸杞'，抗盐碱黑果枸杞良种的选育对促进和优化自治区特色林果品种结构、推进特色林果产业的可持续发展具有重要应用价值。

（1）'尉犁黑枸杞'树势强，枝条灰白色，质地坚硬。叶片肉质肥厚，近无柄，深绿色条形或条状披针形。果形大，紫黑色，扁球形，平均果重 0.47~0.49g，富含花色苷，开发利用价值高。可自花授粉，定植当年可结实，丰产性强。

（2）'尉犁黑枸杞'耐旱、抗寒、耐盐碱、耐土壤瘠薄，抗病虫害，有很强的适应性和抗逆性。

（3）'尉犁黑枸杞'兼具经济和生态属性，可作为经济林、生态林营建的造林树种。

二 适用范围

适用于新疆维南北疆枸杞栽培区域。

三 应用方法

（1）整地。在定植前的一个季度进行整地。

（2）栽植。春季栽植，选用苗高 ≥ 0.45m 的 1 年生苗木，坑穴表面覆盖松土以保蓄水分。株行距为（0.5~1）m ×（1.5~2.5）m。

（3）施肥与灌溉。施有机肥和化肥，在萌芽期、生长期和越冬前期进行灌溉，生长期最为关键。滴灌每年 4~6 次，灌溉量 250~360m³/ 亩（1 亩 =0.067hm²）。

（4）抚育。提高土壤通风性，避免积水。

（5）病虫害防治。重点针对枸杞瘿螨进行防治，以监测预防为主，综合防治。

（6）树体管理。定植当年，可以选留多个分布均匀的健壮枝作为主枝，并于主枝上培养结果枝。

（7）采收。果实成熟后采用人工剪枝的方法进行果实采收。

四 典型案例

在新疆巴音郭楞蒙古自治州尉犁县，成功应用'尉犁黑枸杞'良种进行了生产性栽培，采用 0.8m×1.6m 栽植模式，利用滴灌措施，效果良好。

'尉犁黑枸杞'盐碱地滴灌模式　　　　　'尉犁黑枸杞'果实成熟形态
（2年生，0.8m×1.6m）

'尉犁黑枸杞'结果枝

02 '龙杞 3 号'枸杞良种

一 技术特点

针对黑龙江省防沙治沙、盐碱地治理及经济林建设对多样化品种的需求，通过引种，选育出适合黑龙江省栽培的枸杞良种'龙杞 3 号'枸杞（*Lycium barbarum* 'Longqi 3 hao'），良种编号：黑 S-ETS-LB-064-2018，构建了扦插育苗和栽培技术体系，实现了枸杞在黑龙江省生态林和经济林建设上的应用。

1. '龙杞 3 号'特性

适应性强，具有喜光、耐寒、耐旱、耐瘠薄、耐轻度盐碱等特性。产量高，百果重 58.26g，平均单株产量 300g 以上。果实鲜样总糖 8.41~11.15mg/100g，干样总糖 57.11~59.41mg/100g，维生素 C 含量干样 31.83~36.41mg/100g，湿样 20.2mg/100g。

2. 扦插繁殖技术

在温室或大棚内进行硬枝、嫩枝扦插，成活率达 90% 以上。采用硬枝扦插第二年可出圃或继续培育 2 年；采用容器苗硬枝扦插，当年可移入大地育苗；采用嫩枝扦插育苗，第二年 5~6 月可移入大地育苗或造林，也可继续培育。嫩枝扦插插条采集时间为 8 月上旬；硬枝扦插在 2~4 月采条剪穗。扦插前用生根粉处理；扦插株行距 5cm × 10cm，深度 4~5cm；温室内温度保持在 30~39℃，湿度 70% 以上。采取病虫害防治措施防治枸杞负泥虫等食叶害虫。入冬后上冻前覆盖不低于 20cm 湿土防寒。

二 适用范围

'龙杞 3 号'可在黑龙江省中、西部地区及其类似地区进行推广示范，还可以向黑龙江省以南适宜栽培地区引种栽培。

三 应用方法

1. 扦插育苗技术

在温室或大棚内进行扦插，自动或半自动喷雾，床插或容器扦插。基质采用农田土加河沙，比例为 2∶1，消毒采用多菌灵溶液或高锰酸钾。嫩枝扦插插条采集时间为 8 月上旬，硬枝扦插在 2~4 月采条剪穗。扦插前用 ABT 1 号生根粉 150×10^{-6}~200×10^{-6}

浓度浸泡插穗，浸泡部位在插条下部 3~5cm，处理时间为 12~24 小时。株行距 5cm×10cm，扦插深度 4~5cm。扦插后及时进行浇水，温室内温度保持在 30~39℃，湿度 70% 以上。生根后增加通风和光照，大棚育苗可逐渐撤去大棚膜。入冬后上冻前覆盖不低于 20cm 湿土防寒。第二年大棚内扦插苗木可就地再培育 1 年或出圃，容器育苗可在春季 6 月移入大田进行培育。

2. 栽培技术

选择地势高、排水良好的沙壤土为佳。施有机肥 5000kg/亩，二铵 15kg/亩，施肥后旋耕起垄。选择 2~3 年根系完整无病虫害的扦插苗造林，株距 1.5~2.0m，行距 3.5~4m。造林后要及时浇水、中耕、除草，修枝整形定干高度为 40~50cm。病虫害防治以预防食叶害虫为主，果实采收前 20 天禁止喷洒杀虫剂，防止药物残留。

四　典型案例

在黑龙江省齐齐哈尔市成功应用'龙杞 3 号'进行了良种栽培，采用 2m×4m 栽植模式，效益显著。

30 亩 3 年生'龙杞 3 号'经济林（株行距 2m×4m）

25 亩 1 年生'龙杞 3 号'大地育苗

'龙杞 3 号'温室硬枝扦插育苗

03 '楚依'等沙棘良种

一 技术特点

针对沙棘良种选育和繁育技术滞后问题，采用引种选育、实生选育和杂交选育的方法，共选育出大果沙棘良种 10 个、生态经济型优良杂种 5 个，构建了良种繁育、规模化栽培、加工利用一体化的产业技术体系，实现了我国沙棘产业从野生资源利用向人工培育资源的根本性转变。

（1）'楚依''浑金''橙色' 3 个良种是从俄罗斯引进的大果沙棘资源中选育而来。'棕丘''黑绥 4 号''深秋红'等 7 个良种是通过实生选育（大果沙棘♀ × 阿依列♂）出来的，良种特性是果大、无刺、丰产和耐寒，其中'深秋红'具有秋冬季不落果、宜采收的特性。'红棘 1 号''中棘 3 号''中棘 4 号'等是蒙古沙棘（♀）和中国沙棘（♂）种间杂交选育出来的生态经济型杂种，具有果大、少刺、丰产、高维生素 C 和高黄酮含量的特性，但耐寒性不如大果沙棘。

（2）提出了三北地区干旱、半干旱、高寒三个不同生态气候栽培区大果沙棘嫩枝扦插育苗技术体系，成活率 70%~90%，构建了大果沙棘组培育苗技术和瓶外移栽生根技术，缩短育苗周期 20 天左右。

（3）建立了干旱、半干旱、高寒三个不同气候栽培区大果沙棘栽培优化模式。

二 适用范围

已在黑龙江、内蒙古、新疆等省份退耕还林和防沙治沙工程中推广应用。大果沙棘良种适宜在北纬 40° 以北的东三省、内蒙古东北部地区、新疆南北疆以及西部高海拔高寒地区种植，生态经济型杂种适宜在三北地区北纬 40° 以南的地区栽培。

三 应用方法

采用沟植方式，雌雄比例为 8∶1，株行距为（1.5~2.5）m × 4m。主要措施包括：

（1）整地。在造林前的一个季度采用开沟或穴状整地方式进行整地。

（2）栽植。春季栽植，选用苗高 0.4~1m 的 2 年生苗木，填土时先填表土，坑穴表面覆盖松土以保蓄水分。

（3）施肥与灌溉。施有机肥，在萌芽期、生长期和越冬前期进行灌溉，生长期最为关键。滴灌每年 9~12 次，灌溉量 150~200t/ 亩；沟灌每年 5~6 次，灌溉量

$400\sim500m^3/$ 亩。

（4）抚育。定期除草松土，提高土壤通风性，避免积水。

（5）病虫害防治。发现干缩病应立即剪除病株并予以销毁。可采用灯光诱杀和黄板诱杀沙棘绕实蝇。

（6）树体管理。定植 1~3 年后进行定干，控制树高，促进侧枝生长。结果期进行疏剪、短截和摘心。

（7）采收。果实成熟后可采用机械振动抖落和人工剪枝的方法进行果实采收。深秋红秋冬季不落实，可采用人工剪枝或抖落的方法进行采收。

四 典型案例

在黑龙江孙吴县、新疆青河县等地建立了大面积集中示范林。'楚依''浑金''橙色'的果实成熟期分别为 8 月上旬、8 月下旬和 9 月上旬，平均单果重分别达 0.6g、0.4g 和 0.45g，盛果期果实产量达 6500kg/hm² 以上。

深秋红戈壁沟植滴灌模式
[5 年生,（1.5~2.5）m×4m]

深秋红果实成熟形态

04 '农大7号'欧李良种

一 技术特点

针对我国欧李品种果实酸度高、鲜食口感差的问题，以选育'高糖低酸'鲜食欧李品种为目标，采用实生选种的方法，育成目前唯一的高糖低酸、大果硬肉型鲜食欧李品种'农大7号'，并集成了该品种配套栽培技术体系，实现了欧李没有优良鲜食品种的突破。

（1）'农大7号'欧李良种是从自然杂交实生后代中选育而来。该品种果个大，平均单果重为14.3g，果肉为硬肉型、离核，风味较甜，低酸、低涩，香味浓郁，口感明显好于其他品种，为目前唯一的'高糖低酸'型优良鲜食品种。

（2）'农大7号'欧李良种主要采用嫩枝扦插繁育，生根率可达90%以上，成苗率达60%以上。

（3）'农大7号'欧李良种适应性强，可在东北、西北、华北等干旱寒冷的生态脆弱区栽培，授粉品种采用'农大6号'欧李。常规栽植模式，株行距0.7m×1.2m；宽窄行带状栽植，株距0.6~0.8m，宽行1.2~1.5m、窄行0.7~0.8m。该品种在pH值8.5的土壤上种植，能够正常生长结果，叶片不黄化。栽植第二年亩产250~400kg，第三年进入盛果期，亩产稳定在1000~1500kg。

二 适用范围

'农大7号'欧李良种属于中晚熟品种，已在山西、陕西、宁夏、内蒙古等地退耕还林和防沙治沙工程中推广应用。适宜在土壤pH值6.0~8.5、年平均气温6℃以上、无霜期大于120天、年降水量500mm以上、冬季绝对低温高于−30℃的地区栽培。

三 应用方法

采用常规栽植模式，株行距0.7m×1.2m。授粉树为'农大6号'欧李，配置比例为（4~5）:1。

（1）整地。在种植前的一个季度，旋耕土壤、平整田地。

（2）栽植。春季在芽体萌动前栽植，选用根系完整、枝条粗壮的合格苗木栽植，栽后近地面平茬，促发基生枝。

（3）施肥与灌溉。进入盛果期，每年在果实采收后亩施1500~2000kg腐熟农家肥，并混合施入 80kg 氮磷钾复合肥。在萌芽前、新梢迅速生长期、果实膨大期适度灌水。

（4）病虫害防治。萌芽前喷施 3~5 波美度石硫合剂；盛花后 1 周防治蚜虫；6 月上中旬防治食心虫，成熟前 25 天预防褐腐病。

（5）树体管理。盛果期每株丛留 4~5 个健壮基生枝结果，结果后的基生枝在当年冬剪时平茬。

（6）采收。果实 85%~90% 成熟度采收，可单果采收，也可成串剪枝采收。

四　典型案例

在宁夏中卫市，成功应用'农大 7 号'欧李品种，采用株行距 0.7m×1.2m 种植，第三年进入盛果期。

'农大 7 号'果实成熟　　　　'农大 7 号'成串剪枝采收

宁夏中卫'农大 7 号'栽培模式（3 年生，株行距 0.7m×1.2m）

05 '大果沙枣'东方沙枣良种

一 技术特点

新疆是我国'大果沙枣'资源类型最丰富的区域，也是目前人工种植面积最大的省份。近年来，甘肃、宁夏、内蒙古、山西等省份，从新疆引种栽培'大果沙枣'的数量急剧增加，主要就是因为'大果沙枣'树不仅具有抗旱、耐盐且耐土壤瘠薄的特点，还具有生物固氮的特性，适宜种植在困难立地环境，稍加管理，即可改良土壤、防风固沙，庇护农田。多年来，随着三北地区各项林业生态工程的相继实施，'大果沙枣'作为优质生态经济兼用树种，在保障区域生态安全和绿洲稳定发挥了重要的作用。

该成果为'大果沙枣'省级良种，兼具生态、经济价值，主要应用于大沙枣片林、农田防护林、道路防护林建设中，具有喜光照、耐盐碱、抗旱、耐土壤贫瘠、抗风沙等特点。树高 3~10m，枝条稠密，无刺或少刺，果实椭圆形至长卵圆形，长 2~4cm，果皮黄褐至红褐色，果肉厚，出粉率达 75% 以上，果实大，紫黑色扁球形，平均果重 2~4g。

二 适用范围

该良种已在新疆环塔里木盆地周边区域进行广泛推广，同时在甘肃、宁夏、内蒙古等省份也进行了引种。该良种适用于沙枣适生区。

三 应用方法

采用沟植或者穴植方式，株行距为（2~3）m×6m。主要措施包括：

（1）整地。采用开沟或穴状整地方式进行整地。

（2）栽植。春季和秋季均可栽植，宜选用苗龄 1~2 年、苗高 0.8~1.5m 扦插苗，栽植后苗木定干高 0.8~1.00m，回填土壤至苗木根系以上 1~2cm 处，踩实。

（3）施肥与灌溉。栽苗时在种植穴内施 3~5kg 腐熟的农家肥，一般在萌芽期、幼果实期和膨大生长期各追肥一次。在萌芽期、开花期、坐果期、果实膨大期和越冬前进行灌溉。滴灌每年 8~12 次，灌溉量为 180~250m³/ 亩；沟灌每年 3~5 次，灌溉量为 400~600m³/ 亩。

（4）树形管理。早春树液流动前轻剪，树高控制在 4.5~7.0m，清除内膛枝保证通风透光。春季抹芽以防侧枝杂生，夏季停止修剪以防树干流胶。

（5）病虫害防治。在开花期、坐果期、果实膨大期喷施杀菌剂预防果实黑斑病。在树体生长期注意防止沙枣木虱、卷叶蛾、暗斑螟危害叶片。

（6）采收。采用机械振动抖落和人工敲打的方法进行果实采收，除杂后，晾晒5天左右入库贮存，室温保持在10℃以下，保持室内空气流通。

四　典型案例

选育出的'大果沙枣'良种，已在和田地区、喀什地区和克孜勒苏柯尔克孜自治州为主的十余个县市推广近5万余亩，其中在阿图什市格达良乡盐碱地中营建大果沙枣园3000亩，在麦盖提县百万亩生态工程区沙土生境集中连片种植2万亩，在阿克陶县巴仁乡砾石戈壁生境中集中连片造林6000亩。

麦盖提县百万亩防风固沙林项目区大果沙枣林
（2万亩）

阿克陶县砾石戈壁地大果沙枣种植基地
（6000亩）

06 '树上干杏1号'杏良种

一 技术特点

'树上干杏'是新疆伊犁河谷特有乡土品种。针对产业化发展中缺少主栽良种问题，通过全面资源调查，采用初选、复选、精选方法，选育出鲜食及加工经济性状兼优的'树上干杏'良种3个，建立了规模化示范栽培基地，推进'树上干杏'种植、加工、销售产业一体化发展，成为当地重要支柱产业。

（1）'树上干杏1号'为新疆林木品种审定委员会审定杏良种，编号：新S-SV-AV-005-2018。自然树姿呈抱合状，果形长圆形，金黄色，果肉黄色汁液少，平均单果重15.6g左右，平均可溶性固形物含量22%~26.8%，杏味浓，蜜糖味，糖酸比19.42，杏核壳薄，杏仁香脆可口。成熟期6月中下旬，较其他'树上干杏'品种早熟10~15天，耐贮运，适合鲜食和制干等，制干出干率为1：3.8。'树上干杏1号'有较强的耐盐碱和耐瘠薄能力，抗寒性一般，半致死温度为–26.08℃。

（2）按（4~6）：1比例配置授粉树，花期放蜂或人工授粉有利于坐果。一般栽后3年开始结果，5年以后进入盛果期，亩产可达800~1000kg。

（3）形成了良种苗木嫁接繁育技术体系。砧木采用1年生粗度0.8cm左右的野山杏苗木进行良种嫁接。生长期加强管理，8月中旬控水控肥，提高木质化程度，2年生苗木可出圃。

（4）编制发布育苗、栽培、制干自治区地方标准，建立完整的丰产栽培管理标准化技术体系。

二 适用范围

适宜新疆伊犁、阿克苏、吐鲁番、哈密等地区规模化栽培。在陕西咸阳、甘肃酒泉、青海平安等成功引种区栽培。

三 应用方法

主要实施技术包括：科学选址建园，应用Ⅰ~Ⅱ级分级纯种'树上干杏'良种苗，泥浆蘸根处理后定植，按5：1比例配置'野山杏''银香白''金太阳'等品种授粉树。栽植穴每株施底肥3~5kg，栽后立即浇1次透水，隔一周左右再浇灌一次。"深穴浅栽"，栽后及时定干，一般定干高度在80~100cm，套长50cm薄膜保护袋。栽培后精细化管理，施基肥量约占全年施肥量的 70%。亩施腐熟有机肥 1~3t，一般在果实采收后半个月至秋季施用，可根据树龄、树势及花芽多少同时追施氮磷复合肥，施肥后灌水。8 月后控水肥以利于安全越冬。盛花期喷施 0.2% 硼砂 +0.2% 尿素有利授粉坐果。推广花期放蜂，在开花前几天将蜂箱放入杏园内，放蜂 2~3 箱 / 亩。授粉树配置不足或低温危害等特殊情况下推广人工辅助授粉技术。采用自然开心树形整形修剪技术。病虫害采用绿色综合防控技术，每年春秋两次园地喷施 5~7 波美度石硫合剂，杀灭病原菌。花后 10 天左右喷一次杀虫剂 + 杀菌剂，防治食心虫等。在 3 月底 4 月初备好熏烟草堆防倒春寒，每亩 6 堆左右，遇到降温，可点燃熏烟防霜冻。秋季清园。主干包扎细网眼铁丝防鼠兔啃咬。

四　典型案例

　　伊犁自治州级龙头企业特克斯县八卦红农业科技有限公司成功实现了'树上干杏'技术应用示范。'树上干杏'鲜果、杏干、杏仁、杏包仁产品通过专卖店、代理商、批发、大型企业、电商等渠道销往北京、江苏、浙江、广东等地。'树上干杏'产品"馋妃"曾获北京农产品交易会金奖、广州林果博览会金奖。

开心树形'树上干杏'园

'树上干杏1号'果实

'树上干杏'果实收获、分级、包装

07 '蒙冠1号'文冠果良种

一 技术特点

针对文冠果产量低的问题，采取有效的无性繁殖方法即嫁接，繁育出'蒙冠1号'，其生长、开花、结果等习性均与亲本相同，物候略晚，可孕花比例高，结实率高，果个大，单粒种子大等优良特性且表现稳定，为我国文冠果产业发展奠定了坚实的基础，打破了供不应求的壁垒。

（1）'蒙冠1号'树高可达5m，冠幅可达5m。叶互生，奇数羽状复叶。小叶9~20片，对生或近对生，狭椭圆形或披针形，先端渐尖，基部楔形。边缘为锐锯齿。总状花序，长5~25cm，花梗长1.1~2cm；苞片长0.4~1.2cm；萼片长6~8mm，杂性花，花瓣白色，个别的有黄色花瓣和红色花瓣。子房上位，由3~4个心皮组成。不可孕花雄蕊8~12枚。蒴果嫩时绿色，成熟时变为褐色，完全成熟时心皮开裂。果宽4~6cm，果长4~8cm，种子8~32粒，种子长达1.8cm，黑色且有光泽。种子略圆，暗褐色，种仁白色。

（2）开展了物候调查、花期调查、果期调查、落叶期新梢调查等外业调查工作。测定优良单株的形态特征、经济性状等综合各项指标。形态特征为树势强壮，树冠开张；枝角开张度大；结果枝粗壮；优系与相同地点、水肥等管理相同的未嫁接的普通树为对照进行数据比较，以单株种子产量高于对照30%以上为引进优良品种表现较好的评价指标，通过次标准决选出优良无性系，进而建立了选育指标体系。

二 适用范围

适宜于内蒙古、陕西、甘肃、河北、陕西、宁夏等文冠果主要栽植地，适宜种植区域年平均气温3.3~15.5℃，1月平均气温–19.4~0.2℃，7月平均气温13.6~32.4℃，无霜期120~233天，年降水量在150mm以上，海拔在52~2260m的区域内均适宜种植。

三 应用方法

主要措施包括：

（1）定植砧木。栽植时定干60~80cm，1~5年内以修剪、整形为主，更新复壮，促发新梢，使主枝开展疏散，有利于通风透光，以春季修剪为最好。

（2）接穗的选择和贮藏。在树液萌动前，选取文冠果优良品系树冠外围发育粗壮、生长良好的新生枝条作为接穗。冬季采集的接穗竖放在地窖内，用湿沙埋藏深度达接穗长度的一半，窖内温度保持在 2~5℃，相对湿度保持在 85% 左右。

（3）嫁接方法。采用芽接、劈接、插皮接、腹接等方法进行嫁接。

（4）抚育管理。在新梢生长到 30cm 以上时，结合松解塑料条，在砧木的每个接穗处绑 1~2 根支棍，下端插在土中或绑在砧木上，绑时不能太紧或太松。嫁接后的植株喜肥需水，应及时施肥和灌水。

（5）病虫害防治。发现黄化病铲除病株，林地翻耕晾土，减轻病虫害的发生。早春喷 50% 乐果乳油 2000 倍液毒杀越冬木虱。可用 50% 的辛硫磷乳油毒杀黑绒金龟子幼虫。

四 典型案例

在赤峰市敖汉旗地区，'蒙冠 1 号' 品种通过嫁接方法得以成功应用。该品种果大、结实率高。

'蒙冠 1 号' 植株生长状态

'蒙冠 1 号' 果实形态

08 '华仲 12 号'等杜仲良种

一 技术特点

针对目前我国现有杜仲品质良莠不齐、产量低、效益差等问题，根据不同的育种目标，选育出果用杜仲国审良种 8 个、雄花用国审良种 3 个、材药兼用国审良种 5 个、叶用国审良种 2 个，并构建了良种规模化繁育、栽培及加工利用一体化的产业技术体系，有效推动了我国杜仲产业的健康发展。

（1）'华仲 6 号''华仲 7 号''华仲 8 号''华仲 9 号''华仲 10 号''华仲 16 号'等果用杜仲良种，具有高产、高 α-亚麻酸和高橡胶含量等特性，杜仲产果量和杜仲橡胶产量提高 1.6~2.3 倍；'华仲 11 号'等 3 个雄花用良种，具有丰产、氨基酸含量高等特性，每公顷雄花产量达 3.2~4.7t，雄花中氨基酸含量达 20.5%~23.0%；'华仲 1~5号'等 5 个材药兼用良种，杜仲皮产量提高 98%~163%，木材蓄积量提高 52%~117%；'华仲 12 号''华仲 13 号'2 个叶用良种，为红叶和密叶杜仲突变体，其中'华仲 12 号'（红叶）叶片中绿原酸含量是普通绿叶杜仲的 1.5~2.2 倍。

（2）建立了高寒地区杜仲良种设施快速繁育技术，嫁接成活率 85%~95%；构建了杜仲良种嫩枝扦插繁育技术，良种嫩枝扦插成活率提高到 90% 以上，育种周期缩短 3~4 个月。

（3）建立了杜仲果园、材药兼用国储林、叶用林等高效栽培技术模式。

二 适用范围

已在山西沁水、山西闻喜、新疆和田等地进行推广示范。'华仲 12 号'等杜仲良种适宜在北纬 41° 以南、年平均气温 9~20℃、极端最低气温不低于 –33℃ 的宁夏、甘肃、辽宁、吉林南部及新疆南部等地区种植。

三 应用方法

主要措施包括：

（1）整地。全园深耕整地，整地深度 30cm 左右，栽植时挖穴 0.8~1.0m 见方。

（2）栽植。春季栽植，穴植，苗木采用 II 级以上嫁接苗。株行距（2~4）m ×（3~5）m，授粉品种占比 5%。

（3）栽后管理。栽植完成后应及时定干，以此控制树高，进而促进侧枝生长。同时，还需进行拉枝、疏剪、短截等操作。整个生长季节保障充足的水分供应。

（4）环剥、环割。5月中旬至7月中旬，环剥、环割前1周浇透水或在雨后进行。

（5）施肥。施有机肥，每年萌动前15天、夏季5~7月追肥3~4次。

（6）采收。根据目标收获物的成熟期进行采收，可采用人工采摘和机械化采收，采收过程中禁止破坏树体。

四 典型案例

在山西省闻喜县，成功应用'华仲5号''华仲6号''华仲7号''华仲8号''华仲9号''华仲10号''华仲12号''华仲13号'等良种进行了生产性栽培。

黄土高原杜仲高效栽培示范基地［6~7年生，（3~4）m×（4~5）m］

杜仲果园化高效栽培示范基地

'华仲16号'结果枝

09 '辽榛 3 号'榛子良种

一 技术特点

为了丰富山西省经济林品种，从辽宁省经济林研究所引种筛选出'辽榛 3 号'榛子品种，为实现山西省榛子产业良种化和规模化奠定了基础。

本成果从辽宁省经济林研究所引进，于 2017 年 12 月通过山西省林木品种审定委员会审定。'辽榛 3 号'的主要特点：树势强壮，树姿直立，适应性强。8 年生树高 1.88m，冠幅直径 1.87m，丰产性强，一序多果，平均每序结果 2.16 粒。坚果长椭圆形，黄褐色，具沟纹，果面光洁，少茸毛。平均单果重 2.16g，果壳厚 1.12mm，果仁饱满，光洁，出仁率为 47%。第 3 年开始挂果，5 年进入初盛期，7 年进入盛果期。7 年生试验树平均单株产量 1.68kg，平均 186kg/ 亩。

二 适用范围

该品种可在山西省榛子适生区栽植，目前已通过中央财政推广项目、山西省林草推广项目在省内进行了推广栽植。

三 应用方法

主要措施包括：

（1）整地。穴状或开沟整地，定植穴长、宽、深规格为 60cm×60cm×50cm。

（2）栽植。春季栽植。栽植前将苗木根系修剪至 15~25cm 为宜，根系用生根剂蘸浆后栽植。株行距 2m×3m。

（3）管理。定干高度为 40~60cm，定干后用幅宽 80cm×80cm 地膜覆膜。栽植当年 5 月底至 6 月初撤去地膜，撤膜后浇水 1 次，并随浇水施用少量尿素（15~25g/ 株）。生长季根据土壤墒情及时浇水，入冬前浇防冻水 1 次。榛树一般追肥 2 次，第 1 次在 5 月下旬至 6 月上旬，第 2 次在 7 月上旬至中旬。每年秋季土壤结冻前，施入有机肥料作基肥，施肥量为 10~20kg/ 株。

（4）病虫害防治。白粉病用多菌灵 800 倍液，对树体进行喷施，每隔 7~10 天进行一次。榛实象鼻甲，5 月中旬至 7 月上旬使用 60%D–M 合剂 300 倍液毒杀成虫，对榛园全面喷施，每隔 15 天喷一次，连喷 2~3 次，并及时采摘虫果和脱果，集中烧掉。

四　典型案例

在山西省晋中市应用'辽榛 3 号'品种，建立了良种栽培示范园。

'辽榛 3 号'示范园防草地布覆盖

'辽榛 3 号'单株

2 年生'辽榛 3 号'示范园

'辽榛 3 号'幼树结果状

10 '风姿1号'刺槐良种

一 技术特点

'风姿1号'刺槐为河北省审定的刺槐观赏绿化品种，具有生长较快、树姿优美、枝条疏朗、花香浓郁、叶片宽阔、营养含量高、萌蘖能力强等优良特性，可作为园林观赏、饲料用、蜜源、水土保持等树种应用。

（1）'风姿1号'刺槐良种是从德国引进的刺槐优良种质中筛选出来的，适合饲料用栽培。叶单生或三叶奇数互生，叶片卵形或卵状长圆形，单叶长5~15cm，宽4~7cm，基部广楔形或近圆形；花期4月下旬至5月下旬，总状花序，花冠白色，花香浓郁。

（2）观赏用大苗培养。采用普通刺槐高接换头方式培养，2~3年冠形成型，以胸径为5~8cm普通刺槐为砧木，并在高1.8~2.5m处截干，待春季树液流动离皮后开始嫁接，选择直径0.5~1.0cm的接穗，将其剪成7~10cm段，同时用200mg/L萘乙酸（NAA）速蘸接口，采用插皮接或劈接的方式完成嫁接，2~3年冠形成型。亦可采用灌丛模式栽培，通过1年生苗截干培养，经2~3年培养，灌丛高3~4m、冠径4~5m。

（3）幼苗繁育。插根育苗是'风姿1号'刺槐良种化过程中最有效的无性繁殖手段。春季插根前取出经过沙藏的'风姿1号'刺槐根系，用剪刀剪成5~10cm小段，剪口平滑。剪好后，先用1000倍的多菌灵浸泡1~2分钟，然后再扦插。扦插时，根段水平放置，覆土深度为1.0~2.0cm。插后及时浇水，注意除草，出苗率可达95%以上。

（4）组培苗培养。以幼龄树的春梢嫩枝段为外植体，最适增殖培养基是MS+6-BA 1.3mg/L+NAA 0.2mg/L，增殖系数最高为4.88，最适生根培养基配方为1/2MS+IBA 0.5mg/L+ NAA 0.3mg/L，生根率达80%以上。

二 适用范围

萌蘖能力强，适应性广，具有一定的抗寒能力，可在河北省刺槐适生区栽培应用。

三 应用方法

（1）砧木选择和预处理。春季刺槐发芽前期，选择胸径5~8cm、枝下高>2m、树干通直的普通刺槐作为砧木，在砧木2m高度处锯断，削去毛茬，断面平齐。劈接或插皮接，先将砧木平截面顶端外缘把开裂的树皮刮光滑，每个砧木嫁接2个接穗。

（2）接穗处理。穗长 10~14cm，上有 3~4 个饱满芽，上芽距离上剪口 1.5cm。在接穗小段基部 2cm 处向基部削切，削成斜切面，基部保留 1/5~1/4 的木质部，切面要平滑，将接穗切口用激素 200mg/L NAA 速蘸 5 秒，然后薄侧面朝里插入砧木劈口内。

（3）包扎。用塑料袋把抹头的砧木枝干上部覆盖包住，露出接穗，先用透明胶条把接穗和塑料袋缠紧，再把塑料袋和砧木缠绕紧密，防止接口进水。

（4）嫁接后管理。在接穗发芽前重点进行砧木除萌，接穗萌芽后，因其生长迅速，应注意辅助固定，避免风折等。

四　典型案例

在天津市宁河区成功应用'风姿 1 号'刺槐，培育了城镇绿化观赏用刺槐大苗。

观赏型'风姿 1 号'刺槐大苗培育

'风姿 1 号'刺槐开花状

'风姿 1 号'刺槐枝条形态

‘天楸1号’‘洛楸1号’等楸树良种

一 技术特点

针对我国楸树人工林建设中良种缺乏、配套繁育技术落后、无法满足生产需求的问题，采用杂交育种的方法，共选育出楸树杂交无性系良种4个，并构建了良种扦插、嫁接、组织培养等无性繁育技术体系，推动了楸树人工林资源的规模化培育。

（1）‘天楸1号’‘天楸2号’‘洛楸1号’‘洛楸2号’4个良种是通过楸树种内杂交选育而成，落叶高大乔木、主干通直、速生、抗旱耐寒性强。‘天楸1号’‘天楸2号’在甘肃省天水9年生胸径和树高平均值分别达14.5cm和11m以上，在河南洛阳8年生树高和胸径平均值分别达10.3m和12.5cm以上，是优良的用材林品种，可用于制作家具、贴面板材、装饰材等。

（2）提出了楸树良种采穗圃营建技术，研发出了4个良种的嫩枝扦插和硬枝扦插发育技术体系，扦插生根率在85%以上；建立了4个良种嫁接繁育技术，嫁接成活率95%以上；构建了4个良种组培繁育技术体系。

二 适用范围

4个良种适宜在甘肃、陕西、河南等省份的平原、丘陵、河谷台地等楸树适宜栽培区栽培。已在甘肃、陕西、河南等省份国家储备林基地建设、国土绿化试点示范项目等国家重点工程中推广应用。

三 应用方法

1. 嫁接育苗

（1）砧木的选择。培育1年生或2年生的砧木，地径分别达到1.0cm和1.5cm。

（2）接穗的采集。用锋利的枝剪剪取枝条或苗干，使剪口平整，防止剪口劈裂。

（3）砧木的定植。培养造林苗株行距设置为30cm×40cm，培养绿化苗的株行距设置为1.0m×1.0m。

（4）嫁接。当芽体膨大、树液开始流动时嫁接，选择无雨天嫁接，采用带木质部贴芽接技术。

（5）嫁接苗管理。嫁接后每2~3天不定时检查出芽情况。在不同方向保留3个壮芽，及时抹掉其他的萌芽。及时除掉从砧木基部或根系发出的萌条。抹芽和除萌要反复进行多次。嫁接后 90~110 天嫁接苗长至 50~70cm 时解绑。

2. 造林

采用穴植方式，片林株距为 4~5m、行距为 4m，主要措施包括：

（1）整地。秋末冬初整地最佳，分穴状整地、鱼鳞坑整地、水平沟整地 3 种方式。

（2）造林方法和造林时间。造林苗木的保护处理：起苗时应保证苗木根系 70% 以上，尽量做到随起苗随栽。栽植前，根系应泡水或洒水。采取"三埋、两踩、一提苗"的栽植方法，埋土深度超过苗木原土印痕的 3~5cm，并踩实。随栽植、随浇水，要浇足浇透。为提高成活率提倡平茬或截干造林。造林时间：北方春季土壤解冻后造林，一般为 3 月至 4 月上旬。

（3）幼林抚育管理萌生枝的选择与抹芽。平茬后待需要保留的生长最健壮的萌生枝高度达 10~15cm 时，及时抹掉其他的萌生枝育干；每年在树木进入生长旺季时，及时抹除主干上萌生的所有侧芽。截顶：造林翌年发芽前，在幼树主梢上部 10~20cm 处的芽眼以上 1~2cm 进行短截。定主芽：在顶部萌芽生长高度至 5~10cm 时定主芽，抹去其他萌芽。修枝：造林第三年应开始修枝，前 10 年修枝强度枝下高应为树高的 2/3，以后修枝使枝下高为 6~8m。

（4）施肥。提倡按照营养诊断或施肥试验结果进行合理施肥。

（5）松土和除草。造林后应及时松土除草，要连续松土除草 3~5 年，每年 2~4 次。干旱地区应深些。

四 典型案例

在甘肃省天水、定西等地造林 5600 亩，取得了良好的经济、社会和生态效益。

'天楸 1 号'等良种高效培育
（4 年生，2.5m×4m）

9 年生'天楸 1 号'
单株生长情况

三北地区
重点推广林草科技成果
100 项技术手册

培育与经营

12 枸杞良种配套栽培及种苗繁育技术

一 技术特点

根据枸杞新品种（系）的品种特性，建立枸杞新品种（系）良种快繁、栽培、整形修剪、高效施肥、水肥一体化等技术体系。突出了技术成果的集成配套性和实用性，为枸杞产业升级提供了切实可行技术支撑。

（1）建立了枸杞新品种（系）的育繁嫩枝扦插技术体系。研制确定了枸杞嫩枝育苗棚技术参数，实现自动定时定量微喷、管控育苗环境的温湿度，育苗成苗率由硬枝扦插的 30% 提高到嫩枝扦插育苗的 80%。

（2）研建了配方施肥技术体系。明确了'宁杞 7 号''宁农杞 9 号（0901）''宁农杞 2 号（0909）'枸杞的配方施肥技术，确定枸杞生育期内氮磷钾配比肥料的最佳施肥量，明确了施用氮、磷、钾肥的关键期。

（3）建立了枸杞水肥一体化技术体系。确定了枸杞新品种需水规律、需肥规律，制定枸杞节水灌溉和合理施肥技术；较周边农户地面灌溉节水 35%，节肥 22.4%，节省劳动力 63%。

（4）建立了'宁杞 7 号''宁农杞 9 号（0901）''宁农杞 2 号（0909）'配套整形修剪技术。

二 适用范围

该成果已作为"十三五"再造宁夏枸杞产业发展新优势、"十四五"宁夏现代枸杞产业高质量发展重点项目实施应用，在宁夏百瑞源、中杞、杞鑫等 20 个基地年均示范应用 20 万亩，经济、社会效益显著。

在青海、甘肃、新疆等枸杞主产区具有广泛应用前景。

三 应用方法

主要措施包括：

（1）品种选择。选用枸杞主栽品种及新优品系，如'宁杞 1 号''宁杞 7 号''宁杞 10 号''宁农杞 15 号''宁农杞 16 号''科杞 6082'等。

（2）施肥方式。采穗圃选择在地势平坦的沙壤土上，建立良好的排灌系统。基肥施入以腐熟的农家肥为主，化肥为辅。农家肥选用腐熟的牛粪、羊粪，施用量每亩

2500~4000kg，化肥选用磷酸二铵和硫酸钾2种，用量分别为10kg和5kg。施足基肥后进行深翻和平整，翻土深度在20~25cm。

（3）搭建育苗棚。育苗拱棚采用钢架结构，育苗拱棚的规格为长80m×跨度8m×高2.8m×前肩1m×钢架间距1.2m，内部总面积425m²，育苗拱棚内均安装智能化控制系统，实现自动定时定量微喷，管控育苗环境的温湿度。

（4）枸杞优质种苗快繁。种苗快繁以硬枝扦插为主，嫩枝扦插为辅。硬枝扦插主要运用沙藏种条、机械化短截、温室催根、苗木扦插机械作业、肥水管理、机械起苗分级等技术，使硬枝扦插成活率达80%以上。

（5）枸杞新品种良种良法配套技术。建立'宁杞7号''宁农杞9号''宁农杞2号'整形修剪及配方施肥栽培技术，制定枸杞新品种成龄树灌溉定额和施肥方案，示范篱架栽培、自然半圆树形和"疏、剪"修剪法，集成"精准施肥、定额灌溉、病虫防控、量化修剪"等核心技术。

四 典型案例

在宁夏西夏区园林场基地、中宁县杞鑫基地、中宁县中杞基地、海原三河基地开展枸杞新品种（系）良种繁育，实现减肥20%、减药30%、增产5%。

园林场育苗基地

宁夏农林科学院枸杞研究所基地

贺兰百瑞源基地

13 花椒提质增效关键技术

一 技术特点

针对花椒管理粗放、单产较低、冻害严重等生产问题，通过现地调查和实践验证，创立"花椒主枝背上留枝法"修剪技术，创新了"条沟熏烟法"防霜冻技术，构建了旱原花椒提质增效技术体系，大幅提高花椒单产及效益，推动花椒产业高质量发展。

（1）创新"条沟熏烟法"。利用施肥沟进行熏烟防寒，沿树冠投影外沿挖行状条沟，沟深 30~40cm、宽 20~30cm，在霜冻害来临前，在条沟内堆放杂草枯叶、锯末等草堆，点燃发烟防寒，之后条沟用于施肥。

（2）研发了"花椒主枝背上留枝法"修剪技术。在花椒主枝背上每隔 20~30cm 留一个结果枝组，通过夏季多次摘心，将枝组压低到 20cm 以下，主枝日灼率下降 86.5%。

（3）构建了"清园涂干、地面管理、科学施肥、整形修剪、灾害防控"的旱原花椒提质增效技术体系。示范园花椒亩产 88.6kg，较对照增产 30.1%。

二 适用范围

已在陕西省渭南市、延安市、宝鸡市、咸阳市、汉中市等花椒产区推广应用。适用于全国同类立地条件地区推广应用。

三 应用方法

主要措施包括：

（1）清园与涂干。冬季土壤封冻前，全园深翻 30cm，对枯枝、落叶、杂草等深埋，保持园内干净、清洁；用 3~5 波美度石硫合剂均匀涂抹树干，杀死虫卵、病菌。

（2）起垄覆盖。早春，整行起垄，使花椒树位于垄的中央，然后用地布覆盖全垄。地布铺设后两侧用土块压实，防风大被掀开。每年冬季揭开地布整地，防止土壤板结。

（3）科学施肥。9 月中旬至土壤封冻前，在树冠外沿投影处挖条沟施入农家肥，施肥量幼树每株 15~30kg，盛果树每株 50~75kg；在 4 月中下旬喷施 0.3%~0.6% 浓度的尿素提高坐果率。

（4）整形修剪。春季抹芽，夏季摘心、背上留结果枝组保护主枝，秋季用压泥球和拉枝等方法开张主枝角度，冬季逐年疏去过旺枝、细弱枝、重叠枝、病虫枝及主干

50cm 以下的枝条等。

（5）灾害防控。采用主干培土、冬前灌水，增强抗性。主干涂白、条沟熏烟措施预防晚霜危害。按照病虫害的发生规律合理选择化学药剂、适时适量用药进行主要病虫害防治。

四 典型案例

在陕西省韩城市，成功推广应用花椒提质增效关键技术，效果显著。

花椒提质增效示范园 　　　　　　　　　　花椒结果状

14 文冠果高效栽培关键技术

一 技术特点

针对文冠果苗木快繁难、坐果率低、产量不高等问题，筛选出'中石9号'等优良品种 3 个，创建了文冠果种苗繁育技术，明确了文冠果营林最佳密度和经济合理的配方施肥方案，集成构建了文冠果高效栽培模式，提高了文冠果坐果率和产量。

（1）创建了文冠果种苗繁育及造林技术，并形成地方标准。

（2）明确了文冠果经济合理的配方施肥方案。在苗木生长期以株高增长为主要目的按照氮磷比 1：1.79 的配方进行施肥；在造林后，以冠幅增长量为目的选择氮磷比 1：0.32 的配方进行施肥；在进入结实期后，为提高产量选择氮磷比 1：0.23 的配方进行施肥。

（3）明确了文冠果高效集成技术体系。包括'中石9号'+ 株行距 3m×4m+ 秋季栽植不灌水 + 翌年灌水 + 套作技术。

二 适用范围

已在陕西榆林等地进行了推广应用。适用于陕西、内蒙古、山西、河北、宁夏、甘肃等省份文冠果适生区。

三 应用方法

主要措施包括：

（1）种子处理。春播种子可用沙藏法处理，也可一次性浸泡 4~5 天（不换水）播种，秋播种子浸种 12 小时后沥干，用 0.3% 高锰酸钾溶液浸泡 30 分钟进行杀菌，最后用 1% 的辛硫磷溶液拌种后，进行播种。

（2）苗期管理。幼苗高度达 10cm 以上，结合灌水增施尿素 225kg/hm²，防止苗木"自封顶"现象。

（3）苗木选择。采用 II 级以上良种苗木造林，营造经济林采用嫁接苗（配置 1：8 的授粉树）造林，直播造林采用 1g 以上大粒种子。

（4）造林。春季土壤解冻后至芽鳞露绿，秋季落叶后至土壤封冻前进行造林。株行距 3m×4m 或 4m×5m。

（5）施肥。果用林栽植后前 5 年，每年 5~8 月追肥 1~2 次，选用复合肥，每棵树追肥量 1~2kg，撒施，与土混拌，灌透水。果用林栽植 5 年后，每年开花前 20 天追施一次氮肥，开花后 10 天和果实膨大期追施复合肥 1~2 次，每年秋季的 10 月上中旬追施基肥，每棵树每次追肥量 1~2kg；追肥时将化肥均匀撒在树盘内，拌匀后，立即灌透水。

（6）整形修剪。树形为高干形、矮干球形、主干疏层形或多主干灌丛形。夏季修剪包括抹芽、除萌蘖、疏枝。冬季修剪骨干枝、结果枝组，采用疏、截、缩、甩、放等方法。

四 典型案例

在陕西省榆林市，推广应用文冠果高效栽培关键技术，成效显著。

文冠果套种油用牡丹

'中石 9 号'挂果情况

育苗专区

15 长柄扁桃优良品种选育及丰产栽培技术

一 技术特点

针对长柄扁桃良种严重缺乏、产量低、稳产性差等问题，采用引种选育、无性快繁的方法，选育出4个优良品系，总结形成长柄扁桃良种选育、壮苗培育、精细管理等集成技术及丰产栽培技术体系，有效提高了长柄扁桃的产量。

（1）筛选出4个优良品系。'榆柄1号'果长圆形、果实大、结实量大、果肉薄、成熟果皮红色，种仁含油率高；'榆柄2号'果圆、果肉薄、成熟果皮绿色，丰产；'榆柄3号'果长扁圆形、果实中等、果壳薄，成熟果皮土黄色，丰产；'榆柄4号'果圆形、果实大、结实量大、果肉薄，成熟果皮红色，比普通品种晚熟一周，种仁含油率高。

（2）提出了西部半干旱区长柄扁桃种子育苗、嫁接、组培3项繁育技术，缩短了育苗周期，制订《长柄扁桃育苗技术规程》《长柄扁桃苗木质量等级》2项陕西省地方标准。

（3）创建了优化栽培技术模式。总结出泥浆蘸根、截干深栽、深秋种植的固沙造林技术；创建了"长柄扁桃+樟子松""长柄扁桃+彰武松""长柄扁桃+紫穗槐"3种防沙治沙高效混交栽培模式；创新了"下垂形""直立形""开心形"3种树形及其配套整形修剪技术；构建了长柄扁桃水肥一体化丰产栽培技术模式，产量较普通栽培提高20%~30%。

二 适用范围

已在陕西、内蒙古、辽宁、青海、新疆、西藏、甘肃、宁夏、河南、北京等省份防沙治沙、水土保持工程中推广应用。适宜在我国三北干旱半干旱区的沙地、黄土地、土石山区等不同立地类型栽植。

三 应用方法

主要措施包括：

（1）造林地选择。植被盖度在35%以下固定、半固定沙地和流动沙地。

（2）苗木选择。选择1~2年生长柄扁桃健壮实生苗，株高50~80cm，地径0.5cm以上。生态经济林栽培选用良种嫁接苗。

（3）造林时间。春、秋两季均可造林，在10月下旬至11月上旬造林最佳。

（4）搭设沙障。半固定沙地采用带状沙障，沙障走向垂直于主风方向，带宽为2m半隐蔽立式沙障；流动沙地采用网格沙障，规格1.0m×1.5m半隐蔽立式沙障。

（5）整地种植。剥去表皮干沙层，直接打坑种植，株行距1.0m×2.0m，2株/穴。生态经济林整地根据栽植要求进行带状或块状整地，清理地表30cm灌草植被，栽植密度2.0m×2.0m，2株/穴。造林前，将苗木截干，地上部分保留30cm，泥浆蘸根，适当深栽。

（6）灌溉方式。可以采用水肥一体化节水滴灌技术。

四 典型案例

在陕西省榆林市，成功应用了长柄扁桃优良品种选育及丰产栽培技术。

陕西榆林半固定沙地长柄扁桃带状整地造林

陕西榆林长柄扁桃生态经济林

内蒙古磴口长柄扁桃示范基地

16 核桃提质增效关键技术集成

一 技术特点

针对核桃低产低效问题，将陕西省核桃低产林划分为四个类型，并集成建立了核桃提质增效技术体系，实现核桃产业发展由数量增长型向质量效益型转变。

（1）系统调查了不同主产区核桃林现状调查，通过成因对比分析，将陕西核桃低产林划分为品种不适型、密度过大型、管理粗放型和树势衰老型四个类型。

（2）根据不同低产林林分特点，集成建立以"品种改良、密度调整、土壤垦复、树体调控、科学水肥、灾害防控、适时采收"为核心内容的核桃提质增效技术体系。

（3）制订陕西省地方标准《核桃低产园改造技术规程》（DB/T 322.4—2014），授权"核桃无公害专用肥"专利 1 项。

二 适用范围

已在陕西渭北、关中、秦巴山区等核桃产区推广应用，适用于陕西省及全国同类立地条件地区。

三 应用方法

主要措施包括：

（1）品种改良。对品种杂乱的现有核桃园，通过选用'强特勒'等抗晚霜的核桃良种进行高接换优改造，使品种纯度达 98% 以上。

（2）密度调整。对于密度过大的核桃园，密度调整为早实核桃 22~26 株 / 亩，晚实核桃 10~13 株 / 亩。

（3）覆膜穴贮肥水。沿树行在每 2 株树之间，打深 60cm、直径 30cm 的坑，填入长度 50cm、粗度 30cm 的草把，然后覆膜，地膜边缘用土压严，中央正对草把上端穿一小孔，以便施肥浇水或集雨。

（4）科学修剪。在休眠期进行修剪，通过疏枝、短截、回缩等措施培养丰产树形，以疏散分层形为主。

（5）霜冻害防控。树干涂白或涂抹林木长效保护剂。在霜冻害来临前采取喷防冻剂和熏烟防寒等综合措施进行预防。

（6）病虫无公害防治。加强栽培管理，提高树体抗性。优先应用林业和生态调控措施，化学防治选用低毒、高效、低残留的农药，并注意轮换使用。

（7）适时采收。当核桃果皮由绿变黄，青皮开裂达 30% 时，按照不同品种分期采收。

四　典型案例

在陕西省渭北地区，成功应用核桃提质增效技术。

陕西千阳核桃高接换优第 2 年效果

陕西黄龙核桃病虫害防治

陕西黄龙穴贮肥水技术

17 抗裂果枣新品种选育及栽培技术

一 技术特点

选育出具有自主知识产权、大果、易管理，综合性状优良的大枣新品种 2 个、金丝小枣新品系 2 个；创新了害虫综合防控技术，探索出一套高效的以防裂果及病虫害防控为主的枣树高效栽培技术体系，大幅度减少喷洒或涂抹化学农药的次数，为枣产业的健康持续发展保驾护航。

（1）选育出抗裂果枣新品种。'曙光 3 号''曙光 4 号'为从'婆枣'中选育出的抗裂果枣新品种，果大；'曙光 3 号'干制、鲜食兼用，'曙光 4 号'适宜干制。'曙光5 号''曙光 6 号'为从金丝小枣中选育出的抗裂果新品种，果大、极丰产、抗裂果，鲜食、干制兼用。

（2）研发出有效减轻枣裂果的果实防裂营养剂和红枣防浆烂剂，使用后减轻裂果60% 以上。

（3）研发出树干涂抹、滴注技术，在枣树发芽期用药 1 次可控制全年虫害。

（4）建立了以枣新品种、苗木蘸根保湿、果实防裂、树干滴注涂抹和性诱剂防虫、花期干热风防控等为主要内容的枣树优质安全高效配套栽培技术体系。

二 适用范围

已在河北保定、石家庄、沧州等枣主产区开展示范推广，全国枣适生区均可应用。

三 应用方法

主要措施包括：

（1）喷施果实防浆烂剂。在小枣盛花期，树干滴注红枣防浆烂剂减轻枣裂果和缩果，为树体提供营养，提高商品果率。

（2）应用林果注干杀虫剂防控枣树主要食叶害虫。在小枣展叶期采用树干插滴注瓶法，进行滴注防虫。

（3）应用树干涂抹杀虫剂防控枣树主要食叶害虫。用刮皮刀环绕树干刮去25~30cm 老皮，露出粉红色鲜嫩韧皮组织，然后用刀纵向深划刮皮部位，深达木质部，划完后立即涂抹 1 次药剂，每年涂抹一次。

（4）枣疯病株清理。①树干涂抹：枣树患上枣疯病后，可以采取剥掉发病树皮一圈的方法进行处理，剥皮宽度达 20cm 以上时，涂抹 10% 草甘膦原液两次，间隔期 20 天可以彻底根除病树。②喷雾根除：将 10% 草甘膦除草剂原液稀释到 10 倍以内，对已患枣疯病的枝条进行喷雾，连续喷两次，间隔期 20 天，其根系全部死亡，不再有因枣疯病而出现的萌蘖。

四 典型案例

在河北省献县应用了枣树病虫害防控新技术，效果明显。

树干滴注防治食叶害虫

树干涂抹防治食叶害虫

示范园金丝小枣结果状

18 文冠果优良单株选择及繁育技术

一 技术特点

由于文冠果处于半栽培半野生状态，属异花授粉植物，多系自然杂交类型，而且我国文冠果栽培长期沿用实生繁殖和粗放管理，存在单位面积产量低、产品质量良莠不齐、缺乏良种等问题。该项成果主要开展了资源调查收集、优良单株选择及繁育栽培技术等方面的研究，将文冠果划分为 6 个优良类型，筛选出 11 个在长春地区表现良好的优良单株，总结了一套系统的文冠果繁育栽培技术体系，在文冠果优良单株选择及繁育技术工作中取得创新性突破。收集了辽宁建平、内蒙古赤峰、黑龙江尚志三个地区的文冠果初选优树穗条及种子，营建试验评比林。通过经济性状、观赏性状的优选及评价，筛选出结实丰产型、窄冠型、圆冠型、球果多裂型、早花型、晚青型 6 个优良类型，从中选择出 11 个优良单株。结实丰产型优良单株每平方米投影面积种子产量在 202~216g，林龄 7~9 年生时结实量比平均产量高 0.532kg。

二 适用范围

该项成果适宜在吉林省内进行推广应用。

三 应用方法

（1）播种繁殖。种脐侧向播种效果最佳，播种出苗率达 84%。

（2）扦插繁殖。采用 3 年生母株硬枝，扦插基质深 20cm 处伴热带加温，使其与基质表面温度高出 8~10℃，插穗经浓度 0.04% 的 NAA+IBA（1∶1）混合液浸泡 6 小时的组合处理，扦插成活率达 68%，温室根插成活率 94%。温室根插成活率、平均生根数、平均根长、苗高生长量分别是露地根插的 103.30%、111.94%、130.64% 和 133.60%。

（3）嫁接繁殖。采用带木质部芽接、切接及劈接 3 种方法。

（4）压条繁殖。采用横向埋土压条法和空中压条法。将压条机械刻伤、100mg/L 溶液 ABT1 号与吸水生根增肥剂混合处理，横向埋土压条法生根率 80%，空中压条法生根率 70%。

（5）组培繁殖。采用播种芽的茎段作外植体，诱导增殖阶段培养基 MS+6-BA2.0mg/L+NAA1.0mg/L，增殖倍率 4.1；生根培养基 1/2MS+IBA0.5mg/L，生根率可达 55%。

四 典型案例

在吉林省林木种苗管理站所属的林木种苗基地农安县，利用优良单株穗条在种苗基地进行了嫁接。经过三年的观测，经嫁接的文冠果春季花枝繁茂，秋季挂果较多，结实量大。

嫁接繁殖

根插繁殖

吉林长春示范基地

19 小兴安岭野生榛子良种选育与栽培技术

一 技术特点

针对制约我国东北地区榛产业发展的短板，解决榛子雌雄花期不遇、坐果率低、病虫害严重等问题。依托乡土榛子资源，筛选出优质榛子新品种 2 个。相比于野生平榛，新品种榛林稳定性、抗寒性显著提高，亩产显著增长，提出一套完整的野生榛子良种选育与栽培技术体系，促进了我国榛产业的良性发展。

（1）在伊春辖区内南、中、北共计 16 个区域实地调查，定量定性分析种质资源现状，综合评价筛选到 48 份野生榛子种质资源，建立种质资源圃。

（2）建立评价体系，选出优良家系。提出了以抗性、产量、果形、果重、虫口密度为评价指标的评价体系，共筛选出 19 个平榛优良家系，'伊榛 1 号'和'伊榛 2 号' 2 个新品种的特异性、一致性、稳定性高，植株树势健壮，抗病性强，结实量大，果实品质好。

（3）提出榛子优质高效栽培技术。包括榛子良种的实生繁殖、无性系扩繁体系，促进花芽分化和品质调控技术等。精准施肥，提高树势；定向修剪，增加雌花个数。加强菌根菌研究，壮大根系，促进细根菌丝群落发展。

（4）应用综合配套技术，建立榛子栽培示范基地，带动和指导榛子人工栽培规模化、规范化发展。

二 适用范围

目前已在伊春市伊美区，黑龙江省铁力林业局、金山屯林业局、五营林业局等地营造试验示范林 40 亩，另建立种质资源圃一处，面积 5 亩。本成果所涉及的榛林优质高效栽培技术适用于包括黑龙江、吉林、辽宁、河北、山西、陕西等在内的大多数榛子适生区。

三 应用方法

造林主要措施包括：

（1）整地。整地方式为带状整地，带宽 1m、带间距 1m。

（2）栽植。5 月上旬，选取健壮 2 年生苗木用生根粉水浸泡根系后栽植，深度不超过苗木地迹处 4cm。每公顷 5000 丛，每丛 1~3 株，同时按照 5：1 配置毛榛授粉树，提高坐果率。

（3）抚育。每年抚育 2~3 次，清除杂草、杂树，保持林地卫生，结合抚育施肥。

（4）病虫害防治。象实虫用 60% 的 D–M 合剂 0.33% 的溶液毒杀成虫，也可施用可喷速灭杀丁或敌杀死 2000~3000 倍液，喷洒 2~3 次，间隔时间 15 天。白粉病可于 5 月下旬至 6 月下旬，喷 50% 多菌灵可湿性粉剂 800 倍液，或用 50% 甲基托布津可湿性粉剂 800 倍液。

（5）采收脱苞。8 月下旬成熟后及时采收。将采下来的带苞果实堆置起来。厚度为 40~50cm，上面覆盖草帘或其他覆盖物，使果苞发酵 1~2 天，果苞可自行脱落。

（6）贮藏。低温、低氧、干燥、避光贮藏。

四 典型案例

在黑龙江省伊春市伊美区，成功应用了'伊榛 1 号'品种。

'伊榛 1 号'榛子示范林

榛子育苗示范林结实状

酸枣优良专用型良种品系选育及栽培技术

一 技术特点

针对酸枣生产中仍然存在着高产优质特异良种匮乏、经营管理粗放等问题，选育出优质高效药用型、药食两用型酸枣良种品系，提出了酸枣高产栽培技术，为干旱半干旱地区酸枣经济林产业发展提供技术支撑。

（1）选育出优质高效药用型、药食两用型酸枣'明丰''国丰''LW1''LW7''LW2''LW24'等良种品系，为酸枣种植良种化奠定基础。

（2）基于SSR标记技术，测定、分析酸枣优异性状的分子遗传效能，通过性状—标记关联分析，验证酸枣优异种质在表型和基因型上的一致性。

（3）提出了酸枣高产栽培技术。主要内容包括苗木繁育、园址选择、园地规划、绿苗栽培、栽植密度、栽植时间、整地栽植、高接换冠、抚育管理、病虫防治及果实采收等关键技术。

二 适用范围

已在辽西干旱半干旱地区及其类似地区进行推广示范。目前，辽宁省朝阳市的喀左县、朝阳县、凌源市、北票市和建平县的山坡地经济林栽培项目已较广泛地应用该成果。该成果适用于干旱半干旱地区酸枣树种植区。

三 应用方法

1. 整形修剪

（1）冬剪。落头：树冠一般达2~2.5m（依密度而定，密度大时宜低，密度小时宜高），就要进行落头开心处理，达到控制树高和改善冠内光照的目的。

（2）夏剪。摘心：萌芽展叶后到6月，可对一次枝、二次枝、枣吊进行摘心，阻止其加长生长。一般弱枝重摘心（留2~4个二次枝），壮枝轻摘心（留4~7个二次枝）。对矮密枣园也可对二次枝和枣吊摘心。

2. 修树盘

修建宽1.0~1.5m长度随行就势的畦子。在修建过程中，要确保畦背高于畦面20cm。一方面有利于蓄水保墒，另一方面也利于浇水灌溉。

3. 提高坐果率

6月中旬酸枣盛花期，喷施1：15000倍赤霉素溶液2次，赤霉素用酒精溶解后兑水，均匀喷施，喷施间隔7天。

（1）花期喷水。酸枣花粉发芽需要较高湿度，湿度在80%以上时花粉发芽率高，湿度低于60%，花粉萌发率明显降低。喷水时间为18：00之后。喷水次数依天气干旱程度而定。一般年份喷水2次或3次，严重干旱年份喷3~5次，每次间隔1~3天。

（2）花期喷硼。花期喷0.2%~0.3%的硼砂或0.05%~0.1%硼酸1~2次，可以促进花粉萌发、花粉管伸长和子房发育。提高坐果率，促进种仁发育。

4. 省力化除草节水保墒模式

5月中旬在酸枣植株地面两侧铺设宽度各为50cm，长为栽植行的长度，每亩需防草布220m²。该措施优点是一次性投资多年受益，并且有益于酸枣成熟果实落地收集。

5. 生物防治

采用幼树干基嵌套螺纹塑管防兔啃技术，有效防治野兔对酸枣树干的啃食，同时具有防冻、防日灼、防虫效果。

四 典型案例

在辽宁省喀左县老爷庙镇、平房子镇等地已应用酸枣整形修剪技术、嫁接技术、无公害省力化经营管理技术等，效果显著。

辽宁省喀左县老爷庙镇酸枣经济林
［4年生，（1.0~2.0）m×3.0m］

酸枣果实成熟

21 野生中药材仿生栽培关键技术

一 技术特点

该成果主要针对野生中药材刺五加、穿龙薯蓣、防风和东北铁线莲仿生栽培播种关键技术、药材产量和质量的调控关键技术、最佳采收期等难题，确定了仿生栽培最适生境，形成了一整套野生中药材仿生栽培关键技术措施，并制定了配套的仿生栽培技术操作规程。

（1）刺五加、威灵仙、防风等种子繁殖出苗率达 70%~80% 以上，穿龙薯蓣种子繁殖出苗率达 87% 以上。

（2）建立刺五加最大可持续利用模型；确定刺五加等野生中药材的最大可持续利用量是 1092.15kg/hm²。

（3）建立中药材仿生栽培与可持续利用综合配套关键技术。

（4）制定出刺五加等野生中药材规范化仿生栽培中药材生产质量标准；制定出刺五加等野生中药材规范化生产技术操作规程（SOP）。

二 适用范围

已在吉林、黑龙江、内蒙古推广应用，适宜在我国东北和华北地区种植，种植区域的年降水量为 300~500mm。

三 应用方法

采用平作的播种技术，建立了防风林药间作生态种植基地。主要措施包括：

（1）整地。在春季进行深耕，深度 40cm 以上。播种前进行整平细耙，清除田间杂物。

（2）播种。6 月下旬至 7 月中旬或雨季来临之前播种。播种行距 20cm，采用机械播种方式，播种深度 0.8~1.0cm，播种量每亩 1.5~2.0kg。苗前田间干土不能超过 1cm，若播种后 20 天内，干土层达到 5cm，防风种子将不会出苗，此时要及时喷灌。

（3）中耕除草。防风幼苗刚出土时，需及时中耕除草、松土保墒，做到除早、除小，以免影响防风小苗的正常生长。

（4）追肥。结合灌水和中耕进行追肥，以水溶肥为宜，在旺盛生长期或割薹后进行，每亩施用量 20~30kg。

（5）打薹。在6月底至7月进行，利用机械进行打顶处理，一般需进行2~3次。

（6）病虫害防治。防风常见病害有白粉病、立枯病等；虫害主要有黄凤蝶、黄翅茴香螟等。主要采用农业措施防治，严重时结合化学防治，但要优先选用高效、低毒的生物农药；尽量避免使用除草剂、杀虫剂和杀菌剂等化学农药；不使用禁限用农药。

（7）采收与初加工。直播防风一般生长3~4年采收。采用根茎类药材收获机进行挖采，挖采后去除残茎，挑除病根，除净残茎、细梢、毛须及泥土，将按照不同径级分类捋顺，在通风棚中进行自然风干。

四　典型案例

在吉林省西部退耕还林的林地，成功应用了防风的仿野生栽培技术。

吉林镇赉防风林药间作示范基地

吉林洮南永茂林场防风林药间作示范基地

22 高寒地区林下食用菌人工繁育及生产示范

一 技术特点

针对高寒地区林下食用菌繁育技术相对滞后的问题，采用引种选育、常规驯化和野外扩繁的方法，共筛选出适宜高寒林区繁育的优质食用菌品种 5 个，构建了菌种繁育、规模化栽培、加工利用一体化的产业技术体系，实现了从野生资源利用向人工培育资源的根本性转变。

（1）'柴达木大肥菇''草原雪蘑''鸡腿菇' 3 个优质品种是通过野外引种驯化选育而来；'双孢菇''杏鲍菇' 2 个品种是通过常规驯化与人工繁育相结合的方法选育出来的，具有产量高、品质优、耐寒等特点。其中'柴达木大肥菇'具有抗病性强、适应性广的特性。

（2）提出了适用于高寒地区林下环境的食用菌固体菌种和液体菌种培养技术体系，菌种成活率达 85%~95%。构建了高寒地区林下食用菌组培育苗技术和菌包瓶外移栽技术，缩短了育苗周期约 30 天。

（3）建立了高寒地区林下食用菌栽培的优化模式，适应不同气候和土壤条件，提高了食用菌的产量和质量。

二 适用范围

该技术成果已在青海省大通回族土族自治县（简称大通县）、民和县以及玛可河林场的各大林区及退耕还林地中推广应用。

三 应用方法

采用行间种植方式，菌袋间距为 1.5~2.5m。主要措施包括：

（1）整地。在种植前的一个季度，采用开沟或穴状整地方式进行整地，确保土壤松散并具备良好的排水性。

（2）栽植。春季进行菌袋栽植，选用已经长满菌丝体的菌袋。在栽植时，将菌袋表面覆盖一层松土，以保蓄水分并促进菌丝体生长。

（3）施肥与灌溉。施用有机肥，重点在菌丝体萌发期、生长期和越冬前期进行灌溉。生长期是最关键的阶段。使用滴灌系统，每年灌溉 9~12 次，灌溉量为 150~200t/亩；如采用沟灌方式，每年灌溉 5~6 次，灌溉量为 400~500m³/ 亩。

（4）抚育。定期除草、松土，以提高土壤通风性，防止积水。同时，及时清除残留的病菌体，以减少病害的传播。

（5）病虫害防治。在发现菌袋出现霉变时，应立即将受感染的菌袋移出栽培区并销毁。可采用物理方法，如使用诱杀灯或粘虫板，对林区的害虫进行防治，防止其对食用菌造成危害。

（6）菌袋管理。在菌丝体完全长满菌袋后的 1~3 年内，定期检查菌袋的生长情况。对生长过密的菌袋进行疏理，促进均匀出菇。

（7）采收。菌菇成熟后，可采用机械或人工方式进行采收。对于'柴达木大肥菇'等成熟期较长的品种，可进行分批采收，以保证产品的质量与产量。

四 典型案例

在青海大通县、民和县及玛可河林场等地建立了大面积的林下食用菌示范区。柴达木大肥菇、草原雪蘑和鸡腿菇分别在 7 月中旬、7 月下旬和 8 月上旬进入采收期，平均每平方米产量分别达到 1.2kg、1.0kg 和 0.8kg，盛产期每公顷产量超过 3500kg。

青海大通县羊肚菌林下密植模式

| 羊肚菌 | 杏鲍菇 | 鸡腿菇 | 草原雪蘑 |

23 北方特色花灌木优良新品种及产业化关键技术

一 技术特点

受寒冷、干旱等气候环境条件限制，适合北方地区应用的特色花灌木品种缺乏，制约了北方地区园林景观建设和提升。梅、紫薇、连翘、月季是原产我国的特色花灌木。本成果针对上述物种良种缺乏和繁育技术落后等产业关键问题，在高效育种技术体系构建、良种选育和繁育技术研发等方面取得系列重要进展，培育并推广适应性好、观赏性状优良的特色花灌木新品种，为北方地区节约型园林建设提供新材料。

（1）绘制了梅、紫薇、大花紫薇全基因组图谱和紫薇、月季高密度遗传连锁图谱，解析了重要观赏性状和抗逆性状的遗传规律，挖掘出与重要性状（观赏性状、抗旱、抗寒性状）紧密连锁的分子标记 8 个，构建了基于组学的梅、紫薇、连翘、月季高效育种技术体系。

（2）培育出适于京津冀等北方地区的抗寒香花、垂枝梅花，低矮匍匐、花色艳丽紫薇，抗寒抗病、花型多样月季，花香、低矮连翘等花灌木优良新品种 25 个，获新品种授权 8 个。

（3）建立了扦插、嫁接、组培等良种快繁技术及配套标准化栽培生产技术体系，获国家发明专利 1 项，制订技术规程 4 项。

二 适用范围

成果已在北京、吉林临江市、内蒙古呼和浩特市、西藏林芝市等地区推广应用。适合在北京、河北、天津、山西、内蒙古、吉林、辽宁、陕西、甘肃、青海等三北地区进行推广示范。

三 应用方法

1. 嫁接

可采用砧木当年成苗、当年嫁接、当年成活快繁技术，也可采用翌年生砧木幼苗枝接技术进行育苗。当年生砧木，夏至至大暑，当年成苗出圃进行夏季嫁接，立秋至秋分，翌年成苗出圃进行秋季嫁接；翌年生砧木，立春至谷雨，当年成苗出圃进行春季嫁接。

2. 栽培与养护管理技术

（1）幼苗栽培管理。露天栽培要选择背风、向阳、排水良好之地进行建园。栽培密度：1年生幼苗，株行距 0.5m×0.3m；3~5 年生苗木，株行距 2m×1m；大树，株行距 4m×3m。

（2）幼树定干规格。第一年定干，高度 60~70cm；第二年培养主枝；第三年培养侧枝。

抗寒梅花在吉林临江应用示范

（3）病虫害管理。病虫害要遵循"预防为主、综合防治"的原则，可在萌芽前或发病初期进行喷药防治。

（4）中耕除草。梅根系较浅，要及时松土，以使土壤透气，松土不宜深，以免伤根，中耕时要整平地面，防止积水，覆盖根系。

（5）后期管理。春季开花以后，如雨水不多，应灌水或浇水，保持土壤湿润。如遇春雨较多，则应做好排水工作，防止渍水烂根。谢花后应立即施一次促梢肥。地栽梅每年应在秋、冬季施用基肥，以有机肥为主，采用沟施或穴施。秋季对梅的修剪应注意保留花枝、花芽，而将不着花或少着花的枝条、影响美观的枝条剪去。对冬前新植的梅应既防止渍水，又要避免过分干旱，并采取盖草等适当措施，以防可能出现过于低温的霜冻天气时对新生幼根的伤害。

四 典型案例

在吉林临江市、西藏林芝市、内蒙古呼和浩特市等地区进行了成功栽培应用，结合建立起的寒冷地区梅抗寒栽培管理养护技术体系，实现了在冬季最低 –30℃以上地区的露地正常越冬。

抗寒梅在内蒙古呼和浩特市应用示范

抗寒梅在西藏林芝市应用示范

24 青海云杉扦插育苗技术

一 技术特点

针对青海云杉人工林建设中良种缺乏、优质壮苗供给不足等问题，构建了以硬枝扦插与补光育苗为核心的青海云杉无性系扦插育苗技术体系，实现了青海云杉优良种质的快速扩繁，为西北地区和青藏高原区青海云杉人工林高质量建设和生态修复提供了技术支撑。

（1）硬枝扦插。保留插穗上的针叶，以100mg/kg IBA+100mg/kg 烯效唑（S–3307）混合浸泡处理1小时，基质以泥炭土、珍珠岩、沙子为3∶1∶1为宜，插穗生根率可以达80%以上，苗木根系完整，生长旺盛。

（2）补光育苗。6月下旬开始至8月上中旬。光源以农用钠灯较好。选用400W灯，在距育苗床边沿3m处的上方架设支架和铺设电线，两灯间距4~5m，距地面高度1.8~2.2m。夜间补光4小时费效比最好。一般选在21∶00至翌日5∶00。扦插苗经温室培育3年平均苗高25.04cm、地径5.02mm。

（3）年龄效应。青海云杉硬枝扦插存在年龄效应。随着采穗母株生理年龄增加，穗条生根率明显下降。

二 适用范围

适宜在甘肃、青海、内蒙古、黑龙江、宁夏、新疆等青海云杉适宜栽培区推广应用。

三 应用方法

1. 扦插

（1）网袋容器制作。制成长10cm、直径5cm的网袋容器（基质体积比为炭化稻壳∶泥炭土＝6∶4）。

（2）插床设置。插床建在地势平坦、排水良好、四周无遮光的地段。地面用砖铺平，以利渗水。根据喷雾装置要求，制作插床。

（3）插床灭菌。插前2~3天，用0.3%的高锰酸钾溶液消毒，用药量达到容器底部有药液流出为止。扦插前1天，启动全光雾插喷雾装置，淋透容器，以降低基质的酸碱度和盐离子浓度，并用多菌灵500倍液再次消毒。

（4）插穗采集和调制。6月中旬至7月上中旬当年生枝条半木质化时采穗。选择母株中部当年生长健壮、无病虫害的一、二级侧枝，用修枝剪剪取母树上的插条，穗条长度宜大于 5cm。扦插前，将插穗基部整理整齐，用快刀片切削插穗基部，插穗长度保持 5~10cm。将处理好的插穗基部浸入浓度 200mg/L 的 IBA 溶液中处理 2 小时。

（5）扦插密度和深度。扦插时，先用直径 2~3mm 的硬质材料在容器中部打 3cm 左右深的扦插孔，插入插穗，轻按插穗与基质的结合部使其紧密接触，并做到随插随喷水，密度为 5cm×5cm。

2. 移栽

10 月中下旬将扦插成活的苗木移栽到 15cm×18cm 的容器中，置于大棚或温室培育 1~2 年。也可进行露地换床培育。

3. 移栽苗管理

容器苗移栽后，在苗高开始生长时，每天晚上 21：00 至翌日 1：00 采用日光灯补光，强度不小于 5μmol/（m^2·秒），8 月下旬停止。生长期每隔 15 天叶面喷施 0.3% 的尿素溶液或 0.5% 的磷酸二氢钾溶液。

四 典型案例

青海省大通县东峡林场国家青海云杉良种基地应用该技术进行优质苗木繁育，育苗量达 30 万株以上，推广造林 2000 亩。

青海云杉扦插育苗（青海大通县）

青海云杉扦插苗造林（青海大通县）　　青海云杉扦插育苗（甘肃天水市）

三北地区

重点推广林草科技成果100项技术手册

25 干旱半干旱区柽柳夏季露天容器硬枝扦插育苗方法

一 技术特点

该技术实现了干旱半干旱区柽柳在夏季露天进行容器育苗的目的，解决了夏、秋季反季节育苗难题以及造林的苗木生产和供给问题，可以充分利用夏季洪水和秋季农闲水进行柽柳造林。

二 适用范围

适用于新疆、宁夏、甘肃、青海等降水量400mm以下的干旱半干旱区。

三 应用方法

（1）营养钵基质配置。将沙土、园土和羊粪（8∶1∶1）混合在一起后得到基质。

（2）制穗。对具有活力的储藏柽柳硬枝进行切穗，穗长为10~12cm、粗度为0.3~3.5cm。

（3）插穗浸泡。将插穗的基部浸泡于清水中，浸泡4~48小时。

柽柳夏季容器扦插苗生长情况（扦插50天）

（4）扦插。插穗小头露出基质面 3~4cm。

（5）管理。每天对营养杯中的基质浇水 1 次，每次浇透基质，待苗木高度达 5cm 时每周追施肥 1 次，每次 2~3kg/ 亩，追施肥结合灌溉进行。

（6）出圃。50~60 天苗木长到 20~25cm 开始出圃。

四 典型案例

2013 年，在新疆哈密亚克斯铜镍矿区，育苗地 10 亩，育苗 50 天后苗木生长到 20~40cm，平均每亩出苗量为 8.2 万株。该地区的气候特点：属典型的大陆性气候和极端干旱区，干燥少雨，无常年性水流，年降水量 33.9mm，年蒸发量 3222mm，最低温 -31.9℃，7 月一般 30~40℃，最高达 50℃，昼夜温差可达 30℃。

柽柳夏季容器扦插育苗地

26 科尔沁沙地彰武松选育与栽培技术

一 技术特点

为解决单一树种纯林在生长后期出现枯梢病、生命周期缩短等问题，选育出具有耐旱、耐寒、耐瘠薄和速生特性的彰武松这一优良树种。彰武松与樟子松混交形成针针混交模式，可显著改善植物对土壤养分和水分的利用效率以及增加资源空间利用的有效性和生物多样性，增强林分抗逆性和稳定性，为三北防护林工程建设提供坚实基础。

（1）选育优良品种。通过对彰武松形态特征、生长特性、特异性、抗逆性进行研究，并综合考量其生长指标、经济指标等，选育出一批优良新品种。

（2）根据目标造林地块不同立地条件确定造林整地方式。提出深穴浅埋和开沟整地自然覆沙 2 种造林方式，对比未整地造林方式保存率分别提高 8% 和 10%，显著提高困难立地条件下的造林成活率及保存率。

（3）提出混交林配置模式。明确了彰武松在实际工程应用中的树种搭配方式，避免因为人为因素而不能发挥彰武松的优良特性的问题。为提高三北防护林防护效能，增加其经济附加值提供新的方法和思路。

二 适用范围

本成果可在三北地区及其类似地区进行推广示范。目前，已在辽宁阜新市、建平县，内蒙古敖汉旗、科尔沁左翼中旗（简称科左中旗），陕西省治沙研究所（榆林市），黑龙江龙江县，河北塞罕坝机械林场等地应用。

三 应用方法

采用深穴浅埋整地方式进行栽植，造林保存率达到 90%，株行距为 3m×4m。主要措施包括：

（1）整地。通过钻孔机在地面打一个 60cm×60cm 的圆形栽植穴，将表层土壤集中放置，以备栽植时使用。

（2）栽植。先在栽植穴内填埋挖出的表层土壤，塑料容器杯需要将容器杯完全脱掉放入栽植穴内，投苗点落在栽植穴中心，栽植深度为 30cm。先覆表土踩实后，再覆底土踩实，修整浇水围堰，用于栽植完成后进行灌溉浇水。

（3）抚育管理。栽植当年应采取人工与化学除草相结合的方式，在 6~9 月每个月除草 1 次，使苗木 0.5m 半径范围内无杂草。采取灌溉、施肥、中耕措施，促进苗木的生长发育；5 月、8 月、9 月、10 月各灌溉 1 次；施肥种类为复合肥 + 氮肥，全年施肥 2 次，按株施肥，每株 0.25kg；中耕 1 次，防止土壤板结。在栽植后 2~3 年适时进行除草抚育即可。

（4）病虫害防治。彰武松具有较好的抗病虫性。在日常管理中，一般需要做好病虫害预测预报工作。根据虫（病）情发生的具体情况，选择适宜的防治时间和防治方法。

四 典型案例

内蒙古科左中旗成功引种彰武松。

辽宁彰武县彰武松、樟子松对比试验林（10 年生）　　内蒙古科左中旗彰武松引种试验林（12 年生）

27 毛乌素沙地樟子松人工林培育关键技术

一 技术特点

针对毛乌素沙地樟子松造林难、成林难、易早衰、经济效益低等问题开展相关技术研究，建成西北地区首个国家樟子松良种基地，构建毛乌素沙地樟子松人工林培育关键技术，创制樟子松嫁接引种红松技术，解决了樟子松人工林经济上难以为继的问题。

（1）提出以水肥调控为核心的良种基地营建和管理技术，建立包括种子园、子代测定林、采穗圃（兼优树收集区）及展示林在内的西北地区首个国家樟子松良种基地，通过子代测定筛选出 11 个优良家系，树高生长量为对照的 209%、参试家系平均值的 122%。

（2）集成造林技术体系。总结出在良种壮苗、合理稀植的前提下，采用搭设沙障、大坑换土、壮苗深栽、浇水覆膜、混交造林、套篓栽植等为一体的毛乌素沙地樟子松人工林培育关键技术。

（3）形成适合榆林沙区的樟子松嫁接红松关键技术。即"冰柜储藏 +60 年生红松接穗 +8 龄樟子松砧木 +4 月中下旬嫁接 + 芽端楔接法 + 修剪技术 + 翌年春解绑 + 接后管理"，苗圃嫁接成活率达 85.0% 以上，林地高接换头成活率在 70.0% 以上。

二 适用范围

该成果已在榆林榆阳、神木、定边、靖边、横山，内蒙古鄂尔多斯、宁夏盐池等地推广应用。适用于陕西北部、内蒙古、宁夏及周边同类地区。

三 应用方法

主要措施包括：

（1）搭设沙障。搭设沙障分为带状搭设和网格状搭设两种。

（2）大坑换土。大坑换土的栽植坑规格为 60cm×60cm×60cm，每坑换 4kg 黄绵土。

（3）混交造林。造林前搭设柴草沙障，然后栽植紫穗槐，最后栽植樟子松。

（4）壮苗深栽。樟子松壮苗深栽要求为苗龄 3 年以上、主干通直圆满、根系发达完整的壮苗。深栽穴规格 60cm×60cm×50cm 或 60cm×60cm×60cm。

（5）浇水覆膜。采用单株覆膜技术，即在幼树定植、浇水后，每棵树都覆盖一块 1m²

的薄膜，以树干为中心，平铺在树盘上，四周用土盖严，以防失水和风刮。

（6）樟子松嫁接红松。采用新建异砧嫁接红松林或改建樟子松幼林为红松林两种途径。

四 典型案例

在陕西省榆阳区小纪汗林场，成功应用毛乌素沙地樟子松人工林培育关键技术。

百万亩樟子松基地

樟子松嫁接红松技术

樟子松六位一体——套篓技术

28 生态经济林配置优化模式与抗逆栽培技术

一 技术特点

针对伊犁河谷防护林、经济林营造模式生态服务功能不完备、经济效益低，以及干旱、低温冻害对生态经济林经营的不利影响，提出了生态经济林优化配置技术，构建了浅山、丘陵深坑滴灌造林技术及滴—喷灌结合的坡地林草间作技术。

（1）多功能植被配置优化模式。①农区防护林建设模式，因地制宜、因害设防、系统治理，建设纵横交错的农田林网；②种养结合林下经济模式，在经济林的林间空地种植苜蓿，林内养殖禽类；③滴灌节水经济林建园模式，通过精准节水灌溉、施肥与经济林生长节律相匹配；④经济林间作模式，核桃＋牧草（小麦）、苹果（葡萄）＋瓜、'树上干杏'＋牧草、西梅＋中药材等间种组合，以经济林行距的不同分为临时性间作和稳定间作2个类型。

（2）浅山、丘陵深坑滴灌造林技术。通过在（0.5~0.8）m×0.5m的深坑中进一步下挖种植穴造林，可有效集水、积雪，并保护幼苗免受冻害。有效利用水资源的同时，冻害的损失率降低33.6%~42.1%。

（3）滴—喷灌结合的坡地林草间作技术。利用滴灌浇树、喷灌浇草，可有效提高林草产量和品质。

（4）植物生长调节剂浸根栽植抗旱保苗技术。萘乙酸、旱地龙浸根栽植经济林苗木，造林成活率可达96%~97%，较对照提高5%~6%。

二 适用范围

本技术林草（作物）配置模式多样，适应性强，又配套节水抗旱、防冻等抗逆栽培技术，可在我国三北干旱半干旱区河谷地带的农区、牧区因地制宜的推广应用。

三 应用方法

主要措施包括：

（1）农区防护林建设模式。在巩留县南岸干渠旁，建立林带宽10~30m，株行距2m×3m，树种为加小×俄和意大利杨，周边农田构建林网，通过灌溉量精细控制，节水的同时有效预防了林带的风倒。

（2）宽窄行速生丰产模式。巩留县牛场，围栏造林，窄行种植两行树为一带，株行距 1m×2m，带间距 8m，杨树（加小×俄）造林，间种牧草，实现了以短养长，缓解了林牧矛盾。

（3）滴灌节水经济林建园模式。察布查尔县海努克乡逆温带，采用滴灌和液体施肥技术，种植'树上干杏'、西梅、高酸海棠，经济效益显著。

（4）经济林间作模式。察布查尔锡伯自治县加尕思台乡，'树上干杏'+牧草模式，株行距 2m×5m，间种红豆草，林果、牧草互惠的同时，有效提高了水肥利用效率。

（5）种养结合林下经济模式。察布查尔锡伯自治县阔洪奇乡，株行距 2m×8m，杨树（加小×俄）造林，间种牧草，林下养鸡。林、草、畜综合发展，相得益彰。

四 典型案例

已在新疆伊犁河谷地区推广应用，有效提升区域生态系统服务功能的同时，也带动了农牧民走向致富。

滴—喷灌结合的坡地林草间作

林药间作

荒山绿化

29 青藏高原干旱区优良灌木树种繁育技术

一 技术特点

针对雅鲁藏布江流域、"三江"（金沙江、澜沧江、怒江）流域、柴达木盆地等重点生态区优良抗逆树种缺乏、繁育与造林技术滞后等制约生态绿化提质增效的关键瓶颈，构建了以耐旱性优良灌木筛选为基础、优质苗木规模化繁育应用为核心的灌木应用新体系。

（1）构建了以水分利用效率、根系特征参数等类型指标为核心的灌木抗旱性综合评价体系，筛选出耐旱性强的灌木树种金露梅、三颗针、树锦鸡儿、柠条锦鸡儿和胡颓子等，分别为西藏拉萨、西宁南山、青海大通和青海湖选择了适宜的灌木。

（2）制定了唐古特白刺、砂生槐、鲜卑花、西北沼委陵菜等灌木播种育苗技术规程；成功建立了 15 种灌木的扦插繁殖技术体系，繁殖成苗率达 75% 以上；制定了灌木容器育苗技术规程，建成了工厂化容器育苗基地 5 个。

二 适用范围

成果适宜在西藏、青海、甘肃、宁夏等省份推广应用，已在生态修复、防沙治沙等重点生态工程累计培育优良灌木壮苗 3800 万株。

三 应用方法

1.灌木扦插育苗技术

金露梅是混合生根性树种，用 200mg/L NAA 浸泡插穗 30 分钟生根率达 100%。

唐古特莸是皮部生根性树种，以 200mg/L 的 ABT 浸泡 60 分钟生根率达 55.6%。

胡颓子是以愈伤组织为主的生根性树种，在全光雾沙盘上进行扦插不需外源激素处理生根率可达 100%。

2.容器育苗技术

锦鸡儿、砂生槐与唐古特白刺适宜软质容器、硬质容器、穴盘和网袋等育苗容器，锦鸡儿适宜育苗基质为田园土：泥炭土和碳化稻壳：农家肥 =7：2：1（或 8：1：1），砂生槐和唐古特白刺适宜育苗基质为田园土：河砂：腐熟羊板粪 =7：2：1。

黄檗以软质容器为宜，适宜的育苗基质为田园土：泥炭土 =1：3。

四 典型案例

在西藏、青海、甘肃等省份推广优良灌木树种和种源，以及规模化繁育技术。

唐古特白刺　　　　　　　短叶锦鸡儿

西藏沙棘　　　　　　　砂生槐

灌木容器育苗

灌木种质保育

30 荒漠原生树种人工培育与产业化示范技术

一 技术特点

针对沙冬青、酸枣、蒙古扁桃、霸王、旱榆5个旱生、强旱生树种在荒漠区造林技术和产业发展问题，重点解决了在不同立地条件下灌溉定额、酸枣抗旱和抗盐机理、定向园林用沙冬青苗木培育等难题。

（1）沙冬青、蒙古扁桃、酸枣、霸王在沙区和山前冲积扇区栽植最经济的浇水次为4次，浇水量为100kg/（次·穴）。

（2）干旱胁迫处理下，酸枣的生长受到显著抑制，但幼苗能够通过减少地上生物量、调节自身叶绿素含量等措施保护自身免遭干旱胁迫的危害，表现出一定的耐旱性和适应性。

（3）酸枣具有一定的耐低盐性，能够适应0~50mmol/L盐胁迫环境，但在超过50mmol/L的高浓度盐胁迫下就会出现明显的受害症状，不能正常生长。

（4）将沙冬青分为轻、中、重三种方式进行修剪，每种修剪都表现出一定萌蘗能力，可作为园林景观树种。

（5）在产业方面主要形成育苗产业。由于形成完整的育苗和造林技术体系，造林空间扩大，种苗需求量增加，可以形成新的育苗产业；酸枣、沙冬青、蒙古扁桃种子有生物化工、中药方面应用前景，可以形成产业链的基础。

二 适用范围

适用于降水量在150mm以下的山地丘陵、荒漠草原、沙地等干旱地区的人工造林，酸枣也可在半干旱地区开展人工造林。其中，酸枣、沙冬青造林已在甘肃、新疆、宁夏、内蒙古西部推广；蒙古扁桃已在内蒙古西部推广。

三 应用方法

（1）整地。选择山前冲积扇开展造林技术推广，采取机械穴状整地，栽植穴规格为60cm×60cm×40cm。铺设滴灌系统。

（2）苗木准备。选择1年生、健壮无病虫害的优质容器苗造林，容器杯规格高15cm、口径10cm。

（3）造林密度。造林密度以3m×4m或2m×6m为宜，可造纯林或混交林。

（4）栽植。春秋季均可造林，以春季造林为主。春季造林时间为 5 月中下旬，造林前要对栽植穴进行浇水，栽植前将容器杯底部十字划开，将苗木放入穴中央，扶正，保持根系舒展，填入表土，提苗踏实，分层填土至根茎处，栽植后及时灌透水。

（5）抚育管理。前 3 年为幼龄林，第 1 年造林后灌水 4 次，100kg/（穴·次）；后 2 年浇水可减少为 1~2 次 / 年。4 年以后可不浇水，实现自然雨养。

四 典型案例

在内蒙古巴彦淖尔市乌拉特后旗建立了酸枣示范园及沙冬青、蒙古扁桃造林示范区。

霸王

旱榆

沙冬青

蒙古扁桃

31 　**人工林智能滴灌水肥一体化栽培技术体系**

一　技术特点

针对我国水资源短缺、林业生产经营粗放、人工林生产力普遍低下等突出问题，运用先进的基于物联网的智能控制技术和滴灌栽培技术，经过 10 多年的研究、技术推广，研发了"人工林智能滴灌水肥一体化栽培技术体系"，为我国实现节水、节肥、环保高效人工林可持续经营目标提供了一套完整的解决方案。

（1）研发了基于物联网的人工林滴灌智能控制系统。该系统支持手机 APP 与系统软件云平台，具备植物生长环境因子监测、灌溉管理、多用户管理等八大功能。

（2）揭示了滴灌栽培人工林局部灌溉条件下的根系分布规律，据此提出了滴灌栽培人工林局部灌溉的科学依据以及沿树行铺设一条滴灌管的设计方法，解决了长期以来存在的人工林滴灌系统灌水器布设不合理的问题。

（3）提出以滴灌栽培人工林吸收根主要分布土层含水率的年变化规律作为科学灌溉的依据，从而实现了滴灌栽培人工林在整个生长季内的精准灌溉。

（4）提出了以单次有效灌溉时长（灌溉量）及沿树行滴灌管下土壤湿度传感器指示出的土壤含水率为指标制定人工林灌溉制度的方法，并制定了不同土壤类型人工林的智能滴灌灌溉制度。

（5）提出了以林木生长量和果实产量为目标的滴灌施肥制度的方法，并制定了杨树、刺槐等用材林和苹果、枸杞等经济林的滴灌施肥制度，从而实现了人工林滴灌施肥的精细化。

（6）节水 40%~60%，提高劳动效率 80% 以上，增加林木生长量和果实产量 30%~160%。以 10 年为运营周期的投资内部收益率提高了 5%~32%。

二　适用范围

本成果适合在全国范围内用材林、经济林、绿化大苗培育、生态景观林养护中使用，已在内蒙古、甘肃、宁夏、青海、新疆、云南、重庆、吉林等 25 省份应用和推广，涉及上述人工林类型的应用树种超过 60 个，累计推广面积达 38000 余亩。

三 应用方法

包括水源、系统首部、输水管道、田间首部、滴灌管以及智能控制系统六部分。该区域土壤为沙壤土，偏碱性，保水保肥能力较差，按照成果中规定的精准灌溉和施肥制度进行灌溉和施肥，一个管理员使用一部手机 4 天内即可完成 200 亩的灌溉与施肥。

四 典型案例

在山西省怀仁市金沙滩镇，山西省桑干河杨树丰产林实验局充分发挥其优势，在已建立的沙棘、沙枣等林木种质资源库上，建设了 200 亩智能滴灌水肥一体化管理的栽培示范区。该示范区经过一年的应用，沙棘、沙枣生长量都比常规栽培超过了 50% 以上，节水率达到了 57.3%，配合防草布，节省灌溉施肥人工达 90% 以上，实现了科学用水、节约用水、以水定绿、化肥零增长的目标。

山西省怀仁市智能滴灌水肥一体化系统田间　　　　智能滴灌水肥一体化栽培的沙棘

32 主要树种和典型林分森林质量精准提升经营技术集成

一 技术特点

针对现地森林经营质量参差不齐、高质量经营少以及具体经营单位缺动力、缺管理、缺技术、缺方案等问题，集成创新了基于多立地条件、多树种林分的差异化、适应性可持续经营技术体系。

（1）将森林全经营周期划分为 5 个阶段，确定经营方向、经营目标、技术路线和每个阶段的具体经营措施。

（2）根据天然次生林树木起源组成，提出矮林—中林—乔林的转化路线，并落实全周期经营措施。

（3）提出在不强烈改变森林生境和植被持续覆盖前提下，通过疏伐补植、人工诱导天然更新、渐进式树种置换等方法，建立适宜树种种源区块。

（4）按照"流域设计、综合经营、自然优化、集中作业"的设计思路，采取"宜造则造、宜抚则抚、宜改则改、宜封则封、宜留则留、留则促变"的作业方式开展森林可持续经营。

（5）采用常规和多元遥感方法，建立林分详细调查和精准监测体系，获取翔实数据参数，确定经营目标、经营类型和技术模式，测算方案执行期投资成本效益，并将各项经营措施落实到年度小班地块。

二 适用范围

该成果适用于全国所有森林质量精准提升经营区。

三 应用方法

（1）目标树经营。是指在全周期的森林培育活动中，一切经营行为和技术运用都紧密围绕目标树培育展开的森林经营方式，包括保护种源树、选择目标树、伐除干扰树、确定辅助木等主要方法。

（2）目标树全林经营。是在满足目标树生长条件的同时，将林分内次级目标树个体也纳入目标树经营范畴，提高全林生长量、价值量和中间收益的育林方法。

（3）均质经营。是按照树木长势和地理位置设置保留木，并开展密度控制的森林经营方法。一般来说，均质经营先求质，再求匀。

（4）生长抚育经营。主要针对树种组成丰富且目的树种数量与质量具备满足森林培育目标的潜力，林分结构相对复杂的天然混交林、人工天然混交林的可持续经营。按照树种价值、珍贵度、稀有度等确定目的树种保留的优先顺序，采取综合抚育法，为目的树种优势木生长释放空间，促进优势木的径级生长，同时有利于亚林层树木健康生长。

（5）低质低效林修复经营。低质低效林的主要特征是林分仍在或按原有演替方向发展，但林分质量显著低于同类立地条件下相同林分平均水平。其主要经营方向是通过疏伐（去劣留优、去密留疏）降低现有林分密度，既保持基本森林环境，又能够满足林下更新目的树种，增加林分实生目的树种占比，逐渐提升林分质量与功能。

（6）退化林改培。是指通过改造培育等人为干预（如更换树种）措施从根本上改变森林的逆向演替趋势，使其恢复正向演替的经营方式。在维持森林生境和植被持续覆盖前提下，通过疏伐补植、人工诱导天然更新、渐进式树种置换等方法，增加顶极树种或长期伴生树种，逐步改善退化林结构，促进森林正向演替。

（7）二次建群经营。是为了充分利用林分空间，缩短森林经营周期，在上层林木终伐前一个龄级期开始通过人为措施（人工促进天然更新或人工更新）根据适地适树及树种演替特性等构建符合经营目标的树种群落，包括树种组成、混交占比及混交方式等，以新建群为重点培育对象的经营方式。

（8）景观林经营。是以美化环境、供人休憩、游玩、欣赏自然景色为主要功能的人工林和天然林的总称，以发挥森林的景观价值为主导目标，营建、培育具有多树种、多色彩、多功能、多效益的森林景观带。

四 典型案例

在黑龙江省伊春森工集团美溪林业局公司开展人工红松果材兼用林目标树全林经营，示范地位面积 4.979hm²；主要培育以红松结实为主、生产优质大径材为辅的果材兼用林。2019—2022 年，作业区年均生长量 6.67m³，年均生长率 4.43%；对照区（未经营区）年均生长量 2.33m³，年均生长率 1.25%。

红松果材兼用林示范基地

33 人工林多功能经营技术体系

一 技术特点

针对人工同龄纯林轮伐期经营模式不能发挥森林多种功能、不满足可持续森林经营发展方向等问题，提出人工林多功能经营技术体系，克服了森林物质生产功能与生态服务功能兼顾经营的市场难题，将传统木材永续利用为目标的营林体系向以多功能可持续经营为目标的营林体系转变，构建健康、稳定、高效的人工林生态系统，发挥森林"四库"功能。

（1）提出了以森林多功能性支持的理论思想、多功能森林经营设计指标体系、经营计划与作业设计、森林作业法体系、标准化森林抚育经营作业措施规范、主要森林经营类型的典型示范模式6个子系统，形成了完整的中国特有的人工林多功能经营技术体系。

（2）多功能森林经营设计指标体系子系统提出了包括群落生境识别与适地适树、森林发育阶段划分、林分主林层判别与经营逻辑、树种光特性和林木分类规则，指导林分层作业设计与实施。

二 适用范围

适用于需要兼顾森林物质生产功能与生态服务功能的新型多功能人工林经营，已经在北京、山西等省份推广应用。

三 应用方法

主要措施包括：

（1）建群阶段。种苗后的3年内，每年幼林抚育2~3次。带状抚育，即第1年砍抚，第2年结合砍抚松土扩坑，第3年砍抚2次。

（2）竞争生长阶段。郁闭度达0.8以上，林龄约8年生时适当开展透光伐，间伐株数强度20%~30%。

（3）质量选择阶段。目标树选择、树冠管理、干形管理、立地管理，干扰树采伐、采伐木倒向控制、伐木操作、搭挂树处理及乡土珍贵树种补植、天然更新促进。

（4）近自然阶段。成熟目标树采伐利用、天然更新促进、二代目标树的选择与促进。

四　典型案例

2007 年，在广西崇左市，开始对马尾松和杉木人工中龄林林冠下补植乡土珍贵阔叶树种，并按近自然林经营的理论技术进行近自然化改造，实施了人工针叶林近自然化改造最佳技术及途径。

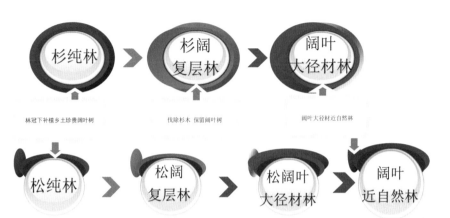

中龄马尾松和杉木纯林近自然改造的目标方向

经营前　　　　　　　　　　　　　　经营后 2 年

近自然林经营技术示范

34 西北天然林林分状态综合评价与经营技术

一　技术特点

　　针对西北地区天然林由于历史上长期破坏和不合理利用造成的林地生产力低、蓄积量不高、质量差、目的树种缺失或多代萌生等问题，以培育健康稳定、优质高效的森林为目标，有机结合林分经营与单木经营设计出西北地区天然林三大类20种经营模式；构建了天然林结构调整计算机优化经营规则和经营模式，提出了林分状态合理性评价的 π 值法则和经营措施优先性选择方法，开具了天然林120种"经营处方"，提出完整的西北地区天然林质量提升技术模式。

　　（1）林分状态合理性评价的 π 值法则。采用单位圆分析方法进行林分状态综合评价，以圆面积等于 π 时为最优林分状态期望值，与林分状态评价指标的多少或指标是否相关，可直观明了确定林分经营方向，解决了通过经营措施提升现有林分森林质量的问题。

　　（2）经营措施优先性选择方法，开具"经营处方"。针对林分状态不合理的因子，有机结合林分经营与单木经营，实施有针对性的林分质量提升措施。此外，将天然林中可能出现的林分状态不合理因素进行组合，开出120种"经营处方"。

　　（3）设计出西北地区天然林三大类20种经营模式。针对西北地区典型的天然针叶林、天然栎类阔叶混交林、天然松栎混交林三大类森林，以培育健康稳定优质高效森林生态系统为目标，以100~150年为设计周期，有机结合单木和林分经营，设计了西北地区主要天然林20种多路径全周期经营模式。

　　（4）构建了天然林结构调整计算机优化经营规则和经营模型。

二　适用范围

　　已在甘肃、山西、河北等地区的天然林可持续经营试点单位进行了推广应用。其中，在甘肃小陇山林区建立了总面积为45600亩的经营示范区，并作为主要技术推广到了小陇山林区。

三　应用方法

　　主要措施包括：

　　（1）首先按照在二类调查成果的基础上，充分利用沟系、山脊、道路等自然界线进行小班区划，小班面积控制在 1~150 亩，将大干子沟划分为 29 个小班。

（2）采用样地调查法或抽样调查技术，对各小班进行调查，并设置对照样地，调查内容包括林分基本因子和空间结构参数。

（3）采用单位圆方法对各小班进行林分状态分析与评价，从树种组成、结构特征、树种多样性、活力特征和干扰等方面选择评价指标，确定经营方向。

（4）遵循"尽量减少对森林干扰"的近在原则，采用结构化森林经营方法，围绕林分中的顶极树种和主要伴生树种的中、大径木开展水平结构、竞争、混交调整，标记干扰培育对象生长的林木；针对林分更新问题，则进行开敞度或微环境调节，或采用适当的割灌、松土、清除地被物或进行人工播种、补植等人工促进更新措施。

（5）编写作业设计，并进行报批；严格依据作业设计实施经营措施。

（6）经营后对林分经营效果进行评价。经营 5 年后的评价结果表明，该技术能明显改善林分结构，提高森林质量和生产力，与对照相比，每公顷年生长量增加 1.4m³，年生长率提高 30% 以上。

四　典型案例

2012 年 12 月，在甘肃省小陇山林区百花林场大干子沟，成功试行该技术。

经营前林相　　　　　　　　　　　　　　　　经营后林相

灾害防控

35 林木栽培全程鼠（兔）害无害化调控技术

一 技术特点

针对我国林木鼠害形势严峻和鼠害治理技术滞后问题，秉承保护经营宗旨，集成害鼠绿色防控技术方案，提出了适用于生态公益林和经济林不同时期的鼠害治理模式，实现了林木栽培全程精准绿色防控，提高了鼠害治理水平和技术贡献率。

（1）生态调控技术。建立了植苗造林空间隔离与林内食物结构调整防控技术；采用铁丝网阻隔的空间隔离技术；以毒葱为诱饵的生物诱杀技术，以及纳米型植物抗逆剂根部蘸浆和根施技术。

（2）提出了生态公益林和经济林不同时期的鼠害治理模式，突破了以灭鼠为主的技术瓶颈，首创了林木栽培全程绿色防控技术体系，实现了精准防控，技术替代率65.4%，成灾面积下降了57.9%。

（3）构建了林木栽培全程害鼠绿色防控技术体系，完善了生态公益林和经济林栽培全程的鼠害治理模式。

二 适用范围

已在宁夏、陕西、甘肃和河北等20个省份退耕还林和防沙治沙工程中推广应用。主要适用于农、林、牧业鼠害的无害化和标准化治理，同时也适用于工业、电力、铁路、公路、民航、仓储、码头、轮船、宾馆、饭店、村镇、厂矿和饲养场等各种场合的鼠害无害化治理。

三 应用方法

主要措施包括：

（1）地下害鼠空间隔离技术。在春、秋季造林期进行林木单株套网或大尺度围网。

（2）地下害鼠生物诱杀技术。每亩栽植10~15株毒葱，春季（5~6月）、秋季（9~10月）地下害鼠活动高峰期实施。

（3）纳米型植物抗逆剂根部蘸浆技术。使用150倍纳米型植物抗逆剂水溶液兑泥浆进行根部蘸浆处理。

（4）纳米型植物抗逆剂根部灌施技术。利用800倍纳米型植物抗逆剂水溶液灌根，或利用纳米型植物抗逆剂粉剂与土壤等介质按1:100混合，并与农肥一起沟施或灌施。

四 典型案例

在陕西省彬州市韩家镇的新庄村和车家庄村，建立新造林和幼林地下鼠害无害化控制技术示范基地 650.0 亩，定植当年秋季和 2020 年春季，苗木平均鼠害率分别为 0.7% 和 1.4%，比对照分别下降 29.4% 和 50.7%，预防效果分别达 97.8% 和 97.2%。

山地苹果新建园单株套网［（1.5~2.5）m×4m］及大尺度围网技术

36 重大林木蛀干害虫——栗山天牛无公害综合防治技术

一 技术特点

开发出了针对栗山天牛全生命周期的绿色防控技术。栗山天牛的生活史分为卵、幼虫、蛹、成虫四个阶段，生活史大部分时间在树体内，仅成虫阶段暴露在外。

（1）针对成虫期，对栗山天牛成虫补充营养的栎树树液进行了化学成分分析，利用主要成分研制出栗山天牛成虫食物源引诱剂，诱杀效果显著。1 个诱捕器一晚平均诱杀栗山天牛成虫 136 头。另外，根据成虫趋光特性，研制出了专用黑光灯，1 灯 1 晚最多诱杀栗山天牛成虫 10.2kg，1 灯有效诱杀面积可达 106 亩。对成虫的有效防控，显著减少了下一代的产卵量。

（2）针对幼虫，开发出了防治栗山天牛低龄幼虫的天敌产品白蜡吉丁肿腿蜂，解决了该天敌的人工大量繁殖技术和林间应用难题，限制了低龄幼虫的危害。

（3）针对老龄幼虫和蛹，开发了重要天敌花绒寄甲，解决了该天敌的人工大量繁殖技术和林间应用系列问题。按天牛幼虫数量与寄甲数量 1 : 1 的比例释放时，寄生率不低于 80%，在栗山天牛老龄幼虫期（5~6 龄）和蛹期按 1 : 100 的比例释放花绒寄甲卵，寄生率达近 90%。

二 适用范围

成果已在东北三省和内蒙古多个县市应用，取得显著效果，并具有进一步辐射全国的潜力。本项技术应用和推广后，吉林省栗山天牛的发生面积由 198 万亩下降到 36 万亩，降低了 82%，辽宁省和内蒙古的发生面积也降低了 30% 左右。防治区有虫株率降到了 1% 以下，控制了栗山天牛，实现了有虫不成灾的防控目标。该技术配套成果可直接用于栗山天牛暴发后的防控，在国内应用前景广阔。

三 应用方法

（1）布置专用黑光灯诱杀栗山天牛成虫。栗山天牛在大部分地区 3 年一代。根据实地监测的情况和往年发生情况，在栗山天牛羽化前一个星期，于其危害的区域布置黑光灯，直接将黑光灯悬挂于栎树枝条上，黑光灯底部距离地面 1.5m，两个黑光灯距离 150m 左右。每 3 天收一次储存袋，倒出其中的天牛，重新布置。

（2）释放白蜡吉丁肿腿蜂防治栗山天牛低龄幼虫。根据实际调查的栗山天牛的发育情况，待幼虫处于 1~3 龄时，释放白蜡吉丁肿腿蜂。释放方法为在每株受害树上释放 1 管共 100 头雌蜂。

（3）释放花绒寄甲卵或成虫防治栗山天牛蛹。根据实际调查栗山天牛的发育情况，在老熟幼虫开始化蛹期，于野外释放花绒寄甲卵或成虫。释放花绒寄甲卵采取受害株钉卵卡法，每株树在树高 1m 处钉卵卡 2~3 块，其中含卵 200~300 粒。成虫采取林间直接释放法：下午 4: 00~6: 00，将每亩 30 头成虫直接散放于林间。

四　典型案例

2008 年与吉林省、辽宁省森林病虫害防治检疫站合作，生产本成果研发的诱杀栗山天牛成虫专用黑光灯 6000 多台，在发生区全面开展了诱杀行动。当地干部和群众称该专用黑光灯为防治栗山天牛的"秘密武器"。2008 年和 2011 年分别是栗山天牛成虫羽化年份，两年中吉林省共诱杀栗山天牛成虫 39.06t，辽宁省诱杀 18.6t，相当于诱杀栗山天牛成虫达 2479.38 万头（1kg 成虫平均 430 头），按

花绒寄甲寄生栗山天牛

雌雄性比 1 : 1、每头雌虫产卵 40 粒和每株树平均有 10 头天牛危害计算，相当于挽救了 4958.76 株栎树，保护了 99.1752 万亩栎树林（按栎树 50 株 / 亩计算）免受栗山天牛危害，防治效果十分显著。

37 枸杞病虫害监测预报及安全防控技术

一 技术特点

针对枸杞园病虫害严重、防控技术支撑不足等问题，研究明确了不同条件和模式下枸杞园病虫害种类及发生规律，确定了病虫害抗性鉴定方法；研发出枸杞规模化种植区域空间数据和属性数据库、定位监测和数据传输系统，建立了覆盖中宁核心产区的病虫害监测技术网络平台；筛选出 14 种生物农药，明确了 37 种化学农药的使用关键技术指标；集成建立了枸杞病虫害"五步法"综合防治技术体系，促进了枸杞病虫害防治技术水平和枸杞产品质量的提升。

二 适用范围

在宁夏枸杞产区覆盖率达 90% 以上，已在甘肃、青海等枸杞产区推广应用。该技术适用于全国枸杞产区。

三 应用方法

（1）萌芽前期清园封园灭越冬虫（病）源。3 月中旬至 4 月上旬，枸杞发芽前将修剪后的枝条及振落下的病虫果，带出园外集中处理，采用石硫合剂封园，淘土监测红瘿蚊和实蝇。

（2）采果前期药剂防控压病虫基数。4 月上旬至 5 月下旬，选择推荐药剂"1 种杀虫剂 + 1 种杀螨剂"的配方，严格执行安全间隔期，在害虫防治关键期使用 2~3 次，将病虫害发生危害程度控制在防治指标以内。

（3）夏果期生物防控保安全。6 月上旬至 8 月上旬，加强害虫监测，通过种植功能植物的生态调控措施，保护和利用自然天敌，释放蚜茧蜂、瓢虫、捕食螨等人工天敌昆虫防治蚜虫、蓟马等主要害虫。

（4）秋果期协调控制减药量。8 月中旬至 9 月上旬，加强园区管理，采用推荐的化学农药，在保证安全间隔期的基础上对病害及发生较严重的虫害防治 1~2 次，将发生危害程度控制在防治指标以下。9 月中旬至 10 月下旬秋果采收期采用生物防治。

（5）越冬前期全园封闭降基数。11 月上旬，秋果采收结束后加强树体管理，在落叶前全园喷施一次化学农药防治进入越冬的病菌和害虫。

四 典型案例

在宁夏百瑞源枸杞股份有限公司建立了示范基地（简称基地），2023 年较之前用药次数减少 1~3 次，化学药剂用量减少 49.98%，取得零农残检出产品认证。多年来，基地病虫害防治效果达 85% 以上，每一批次枸杞产品达到通标标准，510 项农残检测结果未检出。

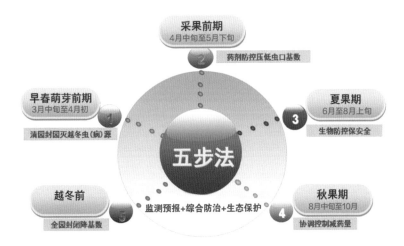

枸杞病虫害"五步法"综合防治技术示意

宁夏百瑞源枸杞基地病虫害"五步法"综合防治技术核心示范区

38 环塔里木盆地特色果树主要病虫害防控技术

一 技术特点

针对环塔里木盆地特色果树主要病虫害存在的一系列问题，采用地理信息系统技术建立了环塔里木盆地主要果树病虫害数据库，揭示了杏园的粮棉间作系统调控节肢动物群落结构的机制，制定了主要病虫害综合防治技术标准 14 项，构建了具有地域特色的综合防控技术体系。通过示范与推广，果园主要病虫害平均防治效果达 80% 以上，挽回 85% 以上因病虫害造成的经济损失，促进新疆社会经济的稳定发展。

（1）建立了具有地理信息属性的南疆主要果树病虫害数据库。利用遥感与地理信息系统，实现了环塔里木盆地主要果树主要病虫害的动态监测及对果树种植区域的空间信息、属性信息的综合管理，直观地表现了果树病虫害的分布特点、发病特征、危害程度及其未来数天或数月内的动态变化趋势，为相关职能部门提供应用型病虫害防治辅助决策系统。

（2）间作作物小麦（玉米）、棉花对杏复合系统节肢动物群落有重要的调节和稳定作用，复合生态系统节肢动物群落结构比杏亚系统更趋向于合理和稳定，抵御外界环境干扰的能力更强，不利于害虫的暴发。

（3）通过集成和研究筛选出经济、有效、无公害的防治用药，针对 7 树种 15 虫 4 病提出了一套系统、完善、行之有效的综合防治技术和方法。

（4）筛选出防治食心虫有效蜂种松毛虫赤眼蜂，确定了放蜂时间为越冬代及一代成虫羽化始、盛期各放 3 次，放蜂量每次 2000 头 / 树。

二 适用范围

该成果已在新疆喀什地区、巴音郭楞蒙古自治州、阿克苏地区和克孜勒苏柯尔克孜自治州，总计建立了 7 个树种病虫害综合防治示范样板园 206 hm²、示范园 1387.33 hm²。项目技术和成果在各地州广泛推广和辐射，面积达 68609.93 hm² 以上。该成果可应用于新疆特色林果种植区及西北林果种植区。

三 应用方法

（1）3 月底至 4 月初，果树萌发前，全园喷施石硫合剂。

（2）春季结合果园修剪，剪除病虫危害枝条，采取刮除病斑涂抹药剂防治核桃腐烂病，涂抹药剂可选用腐必清或甲基硫菌灵。

（3）在果园食心虫监测的基础上，分别于苹果蠹蛾和梨小食心虫2、3代卵发生期（6月中旬至7月中旬），释放松毛虫赤眼蜂，每代放蜂3~4次，共放6~8次，每次间隔4~5天，放蜂量每次30万头/hm²，共放180万~240万头/hm²。

（4）在5月下旬枣大球蚧若虫扩散期、6月中旬吐伦球坚蚧若虫扩散期，可选用10% 吡虫啉悬浮剂4000~6000倍液或5% 啶虫脒可溶性粉剂2500~3000倍液喷雾防治。

四　典型案例

在新疆喀什地区叶城县核桃园内，在叶城县核桃大球蚧防治技术推广面积累计2733.33hm²，核桃腐烂病防治技术推广面积累计6533.33hm²，技术培训累计500多人次。

核桃腐烂病防治技术培训

春季核桃有害生物防控技术现场培训

39 南疆林果重大有害生物无害化防控技术

一 技术特点

该成果主要针对林果有害生物无害化防控技术难题，建立了在同一空间内基于应用天敌和性诱剂分别在梨小食心虫、苹果蠹蛾的卵期、蛹期和成虫期 3 个不同时期释放技术的防控技术体系；构建球蚧蓝绿跳小蜂对枣大球蚧的跟随效应及空间分布模型；揭示了性诱剂悬挂高度及田间风向差异对诱捕梨小食心虫的影响。

（1）在同一空间内，分别采取在梨小食心虫、苹果蠹蛾等食心虫卵期释放松毛虫赤眼蜂，蛹期释放周氏啮小蜂，成虫期悬挂迷向丝等措施，形成食心虫绿色防控技术体系。

（2）明确球蚧蓝绿跳小蜂为枣大球蚧优势天敌，跟随效应显著，部分地区自然寄生率达 95.98%，介壳体积缩小 75.7%，抱卵量显著下降，球蚧蓝绿跳小蜂对枣大球蚧自然控制能力很强。

（3）废旧矿泉水诱捕器适宜在干旱区域使用，且成本低廉、诱捕效果好，被广大农户接受，便于推广。梨小食心虫性诱剂在油桃大棚上的最佳悬挂高度为 100cm。

（4）荧光增白剂对核型多角体病毒田间防控春尺蠖增效显著，缩短了春尺蠖感病的潜伏期，害虫死亡率显著提高，可使害虫死亡高峰期提前。

（5）筛选出 4 种药剂应用于田间防控截形叶螨、大球蚧、吐伦球坚蚧等有害生物。

（6）建立了"项目示范户＋辐射带动区"的示范推广模式，充分发挥项目示范作用，扩大项目影响和推广效益。

二 适用范围

该成果已在新疆喀什地区伽师县、莎车县、叶城县，和田地区墨玉县、和田县、阿克苏地区实验林场、新疆林业科学院佳木试验站等地开展了林果食心虫类鳞翅目害虫生物防治技术集成示范、林果枝干部位有害生物可持续控制技术集成示范、设施果树有害生物防控技术集成与示范，累计建立 993.33 hm² 田间无害化防控示范基地。该成果适用于南疆林果种植区及我国西北林果种植区。

三 应用方法

主要通过推广在果树休眠期喷施石硫合剂、生长季节食心虫卵期释放赤眼蜂、蛹期释放周氏啮小蜂、成虫期挂食心虫迷向丝等防治鳞翅目害虫，辐射带动产业生产。

（1）3月底至4月初，果树萌发前，全园喷施石硫合剂。

（2）4月初，在果园悬挂苹果蠹蛾和梨小食心虫迷向散发器300根/hm²，悬挂于果树树冠中上部较粗且通风较好的枝条上。

（3）在果园食心虫监测的基础上，分别于苹果蠹蛾和梨小食心虫2、3代卵发生期（6月中旬至7月中旬），释放松毛虫赤眼蜂，每代放蜂3~4次，共放6~8次，每次间隔4~5天，放蜂量每次30万头/hm²，共放180万~240万头/hm²。

（4）分别于4月初、6月初及7月初，在果园悬挂被周氏啮小蜂寄生的柞蚕蛹90枚/hm²，防治食心虫。

（5）5月初、7月底，枣园可选用34%螺螨酯悬浮剂4000~5000倍液或25%阿维·乙螨唑悬浮剂6000~10000倍液喷雾防治枣树叶螨。

四 典型案例

在新疆喀什地区伽师县杏园，采取技术示范、培训和现场指导服务方式，以江巴孜乡为基点辐射全县实施，提高了全县林果病虫防治、生产技术，增强了果农无公害防治病虫意识和技术，3年累计示范面积253.33hm²，推广辐射面积12506.67hm²，平均亩产700kg，开展技术培训3500人次，建立项目防治技术推广示范户50户。

周氏啮小蜂寄生的蛹

周氏啮小蜂释放技术现场培训

40 森林雷击火风险预警预报技术

一 技术特点

针对森林雷击火风险监测预警难、时效要求高等难题，解决雷击火风险监测预警中可燃物温湿度、气象要素、大气电场、闪电等风险因子同步监测、融合建模、系统搭建，以及业务化应用一系列问题，实现雷击火多类型风险预警预报。

（1）该技术融合森林火灾风险综合监测、大气电场监测和全波形三维闪电定位技术，实现地表可燃物温湿度等可燃物指标，气温、降水等气象指标，闪电位置、发生时间等雷电指标，以及大气静电场等指标实时监测，结合预报数据和雷击火模型体系，实现森林火险和雷击火风险因子实时监测及风险指数计算和风险预警预报。

（2）相关设备包括森林火灾风险综合监测站和全波形三维闪电定位仪。森林火灾风险综合监测站融合火险因子监测和大气静电场监测于一体，采用太阳能供电，安装距离15~20km；闪电定位仪采用市电供电，安装距离50~70km，均采用4G物联网信号传输。

（3）安装组网后，适配可燃物含水率预测模型、可燃物引燃概率模型、火险、火行为，以及雷击火预警模型和软件平台，通过融合多源监测数据，可实现雷击火区域实时预警及雷击火区域短期预报、单个闪电风险预警、雷击火潜伏期预警等，结合周、日、小时和实时多时间尺度联动预警预报，与雷击火监测小时报告同步推送，做到雷电位置、预警风险等级与林场协同定位和预警，防火巡护员根据推送的雷电信息和风险等级，有针对性地进行巡护。

二 适用范围

森林雷击火风险预警预报技术适用于大兴安岭、新疆阿尔泰林区、西南林区等雷击火多发区，也适用于北京、山东、山西、河北、重庆、贵州、西藏等雷击火发生区，同时也适用于有雷击火发生的"一带一路"国家雷击火预警预报。

三 应用方法

安装森林雷击火综合监测站和全波形三维闪电定位仪，构建适用于本地的雷击火预警模型和搭建雷击火预警系统。

（1）前端设备选址和安装。根据森林雷击火风险综合监测站和全波形三维闪电定位仪选址要求进行选址和安装。

（2）前端设备组网运行。安装完毕后，进行组网试运行，运行稳定后进行业务应用，雷击火风险综合监测站实时监测和报送气象、可燃物、土壤、大气电场等数据，VLF/LF三维闪电定位仪实时监测和报送闪电数据。

（3）预警模型适配和系统搭建。根据不同区域雷击火发生特点和规律适配雷击火预警模型，搭建雷击火预警系统，实时收集和处理监测数据，利用雷击火预警算法模型实时预警和预测。

四 典型案例

从 2022 年开始该技术陆续在大兴安岭、四川凉山、河北塞罕坝机械林场、福建武夷山国家公园、新疆阿尔泰、北京等地示范应用，总覆盖面积超过 40 万 km²，实现了可燃物温湿度、气象因子实时监测和雷击火险因子区域模拟，实现了对雷电、气象等的实时协同感知、雷击火风险的实时预警和预报，以及雷击火历史信息查询和分析，实现了周、日、小时和实时多时间尺度雷击火联动预警，以及单个闪电预警，为雷击火防火防控提供重要科技支撑。

森林火灾风险综合监测站

大气电场和气象因子同步监测

41 我国北方草地害虫及毒害草生物防控技术

一 技术特点

针对我国北方草地重大害虫和毒害草危害损失严重、绿色防控技术和产品缺乏等突出问题，集成 8 项生物防治技术，提出"虫菌互补、分区治理"治理策略，有效控制了草地重大生物灾害的发生危害，降低了化学农药用量，为减少环境污染、恢复草原生态提供了技术支撑。

（1）明晰了北方草地天敌资源，发现草地螟、苜蓿蚜虫天敌 41 种，毒害草天敌 43 种。

（2）形成了 6 项天敌昆虫大规模扩繁的核心技术，包括替代寄主技术、伞裙追寄蝇扩繁技术等，创制了 4 种生防产品；研发 2 种草地螟人工饲料配方，实现全世代扩繁和周年供给，扩繁效率提高 3 倍；探明并合成草地螟性信息素主要组分，发明了草地螟性诱剂产品；创制了草地螟白僵菌微生物制剂；提出性诱剂防控草地螟、天敌防控草地螟、白僵菌防控草地螟、新型牧鸡治蝗、虫生真菌灭蝗、生态治蝗、以虫（螨）治草等 8 项北方草地害虫及毒害草生物防治技术。

（3）结合防治对象的危害特点，集成 5 项配套技术，如虫菌互补防控草地螟、白僵菌 + 性诱剂防控草地螟、虫生真菌 + 生态治理 + 牧鸡治蝗等技术，实现了单项技术的时序对接和空间嵌套，提出"虫菌互补，分区治理"的北方草地害虫及毒害草治理策略。

二 适用范围

已在内蒙古、宁夏、甘肃、新疆等省份草原有害生物防控中推广应用。该项技术成果适宜在西北、东北和华北草原与农牧交错区应用。

三 应用方法

主要采取三种配套防治措施：

（1）草地螟 10~30 头 /m² 时，采用草地螟寄生性天敌保护利用。

（2）草地螟 30~100 头 /m² 时，寄生性天敌和白僵菌互补防控草地螟技术和白僵菌 + 性诱剂防控草地螟技术。

（3）草地螟 100 头 /m² 以上时，采用白僵菌和植物源农药复配防控技术。

在内蒙古、宁夏等省份草原上成功运用蝗虫综合防治的配套技术配合三种防治措施进行害虫防控：

（1）害虫 10 头 /m² 以下时，采用生态治理、天敌控制和物理防治。

（2）害虫 10~50 头 /m² 时，采用生物农药和天敌控制害虫。

（3）害虫 50 头 /m² 以上时，采用高效、低毒、低残留化学农药，生物农药和低浓度化学农药混用的措施进行控制。

四 典型案例

在内蒙古和河北张家口市成功应用草地螟综合防治技术。

草原蝗虫田间药剂防治

42

内蒙古草原害虫生物防治技术

一 技术特点

针对草原害虫防治以化学防治为主、手段单一、可能对草原生态环境影响较大等问题，根据害虫发生实际，因地制宜选用微生物制剂、植物源农药、天敌防控、生态调控等生物防治技术及飞机、大型器械和人工相结合的施药方式，显著提高了防治效率、效果和效益，实现了治标与治本、灭效与环保并重的目的。

二 适用范围

在内蒙古，蝗虫在 12 个盟市，沙葱萤叶甲重点在锡林郭勒盟、乌兰察布市，春尺蠖重点在鄂尔多斯市、巴彦淖尔市，草地螟重点在通辽市、鄂尔多斯市，白茨夜蛾重点在阿拉善盟，开展了大面积推广应用，并辐射东北、华北、西北草原害虫发生区。

三 应用方法

（1）微生物制剂主要包括苏云金杆菌等；植物源农药主要包括印楝素等；天敌防控主要包括牧鸡；生态调控主要包括围栏封育等。

（2）刚达到防治指标发生区：宜采用微生物制剂和天敌防控；防治指标＜发生区＜2 倍防治指标：宜采用植物源农药；发生区≥2 倍防治指标：宜采用化学防治；发生区＜防治指标：宜采用生态调控。

（3）在年均降水量较多地区，宜采用微生物制剂防治蝗虫；针对蝗虫、沙葱萤叶甲、草地螟、白茨夜蛾等宜使用植物源农药防治；结合草原生态保护修复项目，因地制宜选择生态调控防控害虫。

（4）根据草原害虫发生种类、面积、程度及地形地貌等，科学选用"运 –5"、罗宾逊 R44、巴西杰克多 AJ401 等飞机、大中小型喷雾器械，并按防治区作业方案开展作业。

（5）防治适期：蝗虫 3 龄期；沙葱萤叶甲、春尺蠖、草地螟、白茨夜蛾等幼虫 2~3 龄期。

（6）农药的配制和使用应严格按照标签或说明书及有关规定进行。

四 典型案例

在内蒙古呼伦贝尔市新巴尔虎右旗，成功应用"飞机+大型器械+牧鸡"的三机（鸡）联动防控模式防治草原蝗虫。呼伦贝尔市新巴尔虎右旗草原蝗虫发生较严重，地势平坦，地形简单，适宜飞机、大型器械作业和牧鸡治蝗。

（1）防治前，调查蝗虫虫口密度，将达到防治指标的区域划分出来，根据发生面积、虫口密度、地形地貌，确定飞机、大型器械、牧鸡治蝗的作业区域。

（2）飞机采用"运-5"，选用植物源农药，在作业区内选择地势平坦草场设停机坪和跑道，按设置好的航线进行作业。大型器械采用巴西杰克多 AJ401，选用微生物制剂、植物源农药，3~5 台为一组进行作业。牧鸡治蝗要在中低密度发生区，选择适应性强的牧鸡品种，鸡龄在 60 日龄以上，以 500 只左右为宜，设置移动鸡舍，注意补饲。

（3）防治中，根据防治作业方案认真开展防治工作，及时明确防治效果，掌握防治进展情况，发现问题及时解决。

（4）防治后，及时开展野外调查，评估防治效果，做好防治区域上图工作。

牧鸡治蝗

飞机治蝗

大型喷雾器械治蝗

43 鼢鼠鼠害防控技术

一 技术特点

针对鼢鼠防控实践中来源不清、防效不明、防控可持续性差等问题，基于鼢鼠DNA条形码及模型分析等手段，建立了鼢鼠鼠情、害情监测技术。结合抗性评估，按危害等级分区、分类施策，优化集成了物理、生物、生态及鼠害地植被恢复技术等综合防控技术体系，破解了鼢鼠灾害常态化现状。

（1）以《高原鼢鼠测报技术规范》为基础，结合鼢鼠DNA条形码及MaxEnt模型分析等手段，建立了鼢鼠鼠情、害情监测技术，甄别鼢鼠扩散线路，推理鼠源地，划分危害等级和灾害风险区域。

（2）结合抗性评估，针对不同危害等级区域进行分类施策，精准防治。以EP-1不育剂防控、招鹰驯狐生物防治等技术为基础，集成物理、化学、生物及生态等综合防控技术，构建全方位、多维度的防控体系。

（3）以鼠荒地植被恢复技术为基础，结合乡土草种筛选、建植模式优化，建立了鼠害地植被恢复技术。

二 适用范围

该项技术方案可适用于三北地区森林、草原等区域鼢鼠亚科动物（高原鼢鼠、甘肃鼢鼠、东北鼢鼠和草原鼢鼠等）的防控。

三 应用方法

（1）系统治理。调查周围环境，推理鼠源地，甄别扩散线路，构建隔离带，连片处理、分区集中整治。

（2）短期压低密度。采用弓箭人工捕捉或药物防治来压低密度。但应注意用药范围，减少不利影响。

（3）不育剂长效控制。压低密度后利用EP-1进行控制，防止反弹。

（4）生物防控可持续防治。通过设人工鹰架、放驯化狐狸、建人工洞穴等吸引天敌。

（5）植被恢复。采用优势乡土草种及时恢复鼠丘植被。

（6）围栏封育。对鼠害严重区域进行围栏封育。

（7）做好监管。治理后及时监测，适时防控。

四 典型案例

在甘肃省武威市天祝藏族自治县退化高寒草甸，通过分步压低密度、控制防效、修复植被、后期监管等综合措施防治高原鼢鼠。

高原鼢鼠危害区 治理后效果

44 草原蝗虫综合防治技术

一 技术特点

针对绿色防控水平不高、防治技术单一等问题，经过试验、示范及推广，形成了以微生物制剂、植物源农药、天敌防控、生态调控等绿色防控为主与化学防治为辅，以及飞机、大型喷雾器械和人工施药相配套的草原蝗虫综合防治技术，基本实现了草原蝗虫从单一化学防治向环境友好型综合防治的根本性转变。

二 适用范围

在内蒙古，以锡林郭勒盟、呼伦贝尔市、通辽市、赤峰市、乌兰察布市、包头市等为重点的 12 个盟市草原蝗虫防治中，均有大面积推广应用，为全国其他省份草原蝗虫综合防治提供参考依据和经验借鉴。

三 应用方法

（1）微生物制剂主要包括蝗虫微孢子虫、绿僵菌、苏云金杆菌等；植物源农药主要包括印楝素、苦参碱、烟碱等；天敌防控主要包括牧鸡和牧鸭；生态调控主要包括围栏封育、草地改良、禁牧休牧轮牧等；化学防治主要包括高效氯氰菊酯等。

（2）在内蒙古，微生物制剂一般用于呼伦贝尔市、兴安盟、通辽市、赤峰市、锡林郭勒盟等年均降水量较多的地区；植物源农药在 12 个盟市均可施用；天敌防控一般用于 21 个半农半牧县；生态调控可结合当地实际在 12 个盟市因地制宜应用。

（3）微生物制剂、天敌防控一般应用于刚达到防治指标的发生区；植物源农药一般应用于大于防治指标小于 2 倍防治指标的发生区；化学防治一般应用于大于 2 倍防治指标的发生区；生态调控一般应用于小于防治指标的发生区。

（4）飞机主要包括"运 –5"、罗宾逊 R44、小松鼠 AS–350、贝尔 407 等，一般适用于危害面积大于 2 万 hm² 以上发生区；大型喷雾器械主要包括巴西杰克多 AJ401，一般适用于危害面积小于 2 万 hm² 以下、地势相对平坦的发生区。

（5）防治适期为 3 龄期；农药的使用应严格按照标签或说明书及有关规定进行。

（6）化学防治效果应达到 90% 以上，生物防治效果应达到其要求的指标以上；或通过防治，草原蝗虫虫口密度降至防治指标以下。

四 典型案例

在内蒙古锡林郭勒盟西乌珠穆沁旗，大面积成功应用了草原蝗虫综合防治技术，2023 年完成草原蝗虫防治 451 万亩。主要措施包括：

（1）野外调查。按照《草原蝗虫调查规范》开展野外调查，记录蝗虫种类、密度、龄期、发生面积、危害程度等数据，主要以毛足棒角蝗为主，平均虫口密度 49 头 /m²。

（2）预测预报。根据蝗虫发生规律和野外调查数据，结合草原蝗虫历年发生防治情况及气象因素等，掌握其发生发展趋势，为防治提供决策依据。

（3）确定防治区域。根据发生情况、防治指标、防治适期等，确定采用以罗宾逊 R44、小松鼠 AS–350 等飞机及巴西杰克多 AJ401 等大型喷雾器械相结合的防治区域。

（4）防前准备。制定实施方案，做好起降场区域划分、检修维护、人员培训、喷施设备安装、喷施量调试、喷施测试、药效试验、安全生产等工作。

（5）气象条件。喷施时，气温一般掌握在 30℃以下，风速小于 5.5m/ 秒。

（6）防治作业。根据苦参碱、烟碱·苦参碱等农药标签或说明书配制药液，按照飞机和大型喷雾器械的技术参数开展喷施作业，避免重防和漏防。

（7）防治效果检查。根据农药种类，科学设定调查时间，开展防后野外调查，平均防治效果为 87.3%。

飞机治蝗　　　　　　　　　　　　　大型喷雾器械防治蝗虫

生态修复

45 困难立地植被恢复关键技术

一 技术特点

围绕制约陕西省困难立地植被恢复的瓶颈技术问题，集成并提出了针对陕北长城沿线风沙区、黄土高原沟壑区、渭北石质山地与秦巴山区 3 类不同区域困难立地植被恢复的关键技术，解决了不同区域困难立地条件下造林成活率、保存率低以及缺乏关键造林技术措施及其组装配套难等问题。

（1）选用优良抗逆乔、灌树种为主要造林树种，筛选出适宜纯沙丘造林优化配置模式"樟子松 × 紫穗槐 × 长柄扁桃""小叶杨 × 沙地柏 × 紫穗槐（长柄扁桃）""樟子松 × 小叶杨 × 紫穗槐"3 种，覆沙黄土造林优化配置模式"樟子松 × 沙地柏 × 长柄扁桃""侧柏 × 山杏 × 紫穗槐"2 种，提出以抗旱造林综合配套、樟子松"六位一体"造林、幼林抚育管护为主的陕北长城沿线风沙区植被恢复关键技术。

（2）选用油松、侧柏、桧柏、刺槐、榆树、五角枫、紫穗槐、柠条、沙棘等为主要造林树种，提出以抗旱集雨整地、针叶容器大苗造林、苗木根系处理、地膜覆盖、菌根剂造林、造林优化模式配置为主的黄土高原沟壑区植被恢复关键技术。

（3）提出以树种选择、微爆 + 鱼鳞坑整地、针叶树容器苗造林、绿色植物生长调节剂（GGR）溶液浸根、地膜覆盖等为主的渭北石质山地与秦巴山区植被恢复关键技术。

二 适用范围

已在陕西、天津等地困难立地生态治理与恢复项目中进行推广应用。适用于陕西及全国同类地区。

三 应用方法

（1）机械破石整地。用机械破碎出一个直径 1~1.5m 的渣穴，然后按栽植穴规格将渣穴中 40~50cm 见方的虚石渣铲出，客土混掺后回填栽植苗木。

（2）鱼鳞坑整地。坑规格为长 70~120cm、宽 60~100cm、深 40~50cm，四周高中间低，形成漏斗状，呈"品"字形排列。

（3）针叶树容器苗造林。采用 2~4 年生以上容器苗。栽植时，在整好的坑中央挖一栽植穴，然后将容器袋轻轻撕下，严防容器土块散落，最后将容器苗放于穴中，回填熟土。

（4）GGR溶液浸根。用浓度25~50mg/kg的GGR溶液浸泡苗木根系0.5~2小时，然后进行造林。

（5）灌水覆膜。栽后每穴浇一桶定根水，待水渗完后封土，将地膜裁成40~80cm的方块进行覆盖，沿任意一边的中点向中心开缝，并在中心打孔，确保孔沿与树皮留有1~2cm间隙。将缝对齐后用土覆压，在树根处堆土压膜，使其高度达5cm。同时，地膜四周垒土压实，最终形成四周高、中间低的蓄水型树盘。

（6）抚育管护。苗木成活后当年10月上旬或翌年春季进行松土、除草，以后每年进行1~2次抚育，直至成林。

四　典型案例

在陕西渭北石质山地，成功应用了困难立地植被恢复关键技术，打破了"造林不见林"的现状。

礼泉唐肃宗陵石质山地植被恢复　　　　蒲城金帜山石质山地植被恢复

蒲城石质山地垒石鱼鳞坑整地

46 干旱、极端干旱区的沙区梭梭生长季直播造林方法

一 技术特点

该直播造林方法较现有造林方法的成活率和保存率都有较大幅度的提高，大大节约了成本，延长了造林时间，且不受天气的影响。

二 适用范围

适用于新疆、宁夏、甘肃、青海等降水量 200mm 以下的干旱、极端干旱区。

三 应用方法

（1）造林地确定。在干旱、极端干旱区选择能实施滴灌的沙地作为造林地。

（2）在造林地上铺设滴灌管，播种前先滴灌 2 小时。

（3）播种。滴灌后立即在造林地上进行播种，在每个滴头滴灌后的湿润区种 10~12 粒梭梭种子。

（4）播种后，及时灌溉，见干见湿。

梭梭直播造林区铺设滴灌管

（5）直播造林第二年的管理。当造林地中水的质量百分含量 ≤ 0.5% 时，年补充滴灌 1~3 次，每次滴灌 10~16 小时；当造林地中水的质量百分含量大于 0.5% 时，不滴灌，完成梭梭直播造林。

四　典型案例

2013 年，造林地位于新疆哈密亚克斯铜镍矿区，属典型的大陆性气候和极端干旱区，干燥少雨，无常年性水流，年降水量为 33.9mm，年蒸发量 3222mm，最低气温 –31.9℃，7 月一般 30~40℃，最高达 50℃，昼夜温差可达 30℃。造林区为沙地、半固定沙地。

造林地确定，在亚克斯铜镍矿区南边，选择裸沙地、半固定沙地（具有梭梭原始分布，盖度 5%）各 100 亩，造林地中沙的质量含量为 70%~90%；铺设滴灌管，根据确定的造林行距 2m 铺设滴灌管，滴灌管间距 2m，滴头间距 1m，滴头流量为 4L/ 小时。

梭梭直播造林区第 2 年苗木生长情况

47 干旱半干旱地区困难立地生态修复关键技术

一 技术特点

针对自然与人为干扰下的高陡边坡、瘠薄荒坡、开挖边坡等各类困难立地开展生态修复技术研究，研发保水保肥关键技术，提出不同困难立地条件下的生态修复措施优化配置，构建了典型困难立地生态修复技术工法，实现困难立地植被快速修复，提升生态环境修复的进度和质量。

（1）通过抗水分渗漏、防水分蒸发及恢复小区等试验结果，明确抗水分渗漏防渗层和配比，土壤∶水泥∶发泡剂∶沙子∶碎石配比 67∶11∶0.02∶11∶11；在土壤表层覆盖砂石或秸秆 2~3cm，防止水分蒸发，保水剂、秸秆、保水缓释肥加入量分别为土壤质量的 0.2%~0.4%、5% 和 0.6%，总结提出弃渣场和开挖面边坡植被恢复的保水保肥技术。

（2）在明确不同困难立地条件的限制性因素的基础上，定量评估不同类型工程措施的生态效益，提出开展困难立地生态修复的工程措施合理开挖深度及生态修复措施优化配置方式。

（3）以高速公路和陕西沿黄地区为研究对象，构建了强人为干扰 + 困难立地耦合影响下生态修复施工法，确定了弃土弃渣场植被恢复模式，开挖面边坡植被恢复采用生态袋植被恢复和植孔营养法，提出了生态修复分区及整体修复布局。

二 适用范围

已在陕西榆林、延安，甘肃定西，宁夏固原、石嘴山，内蒙古鄂尔多斯等地推广应用。适用于干旱半干旱地区生态脆弱区域。

三 应用方法

（1）装袋。将熟土（含腐殖质的庄稼土）或掺和腐殖质、草木灰、有机肥的生土装入植生袋。

（2）添加草种。将植生袋中两层可溶纸取出，在两层纸中间均匀附着草种（或草、灌、花种混合）和有机复合肥料后，将可溶纸垫入植生袋口，并将袋口用专门的植生机械复合缝制。

（3）码砌。在现场装完土后，要尽快码砌到工程护坡内，并用营养土将植生袋间的空隙填严踩实，防止出苗后根部吊空。植生袋墙体最后形成一个斜面，有利于稳定。

（4）遮阳保湿。在施工后的袋表面覆盖一层遮阳网（稻草帘、无纺布等），同时浇水并保持湿润，直至苗出齐。晚秋或冬季施工，不要在植生袋上浇水，以免将草根冻坏，影响第二年返青。

（5）成品苗栽植。成品苗栽植前要选择规格统一、生长健壮的容器苗；栽植采用点植，挖穴深度为 0.1~0.2m，将苗植入预先挖好的种植穴内，用细土堆于根部，轻轻压实。栽植完毕后，浇透定根水。保持栽植基质湿度，进行正常养护。

四 典型案例

该技术在陕西宝坪高速公路生态修复中进行了应用，其主要实施方式为采取工程防护与码砌植生袋（绿网袋）工艺相结合。

陕西宝坪高速公路边坡施工前局部原貌

陕西宝坪高速公路边坡施工两周后

陕西宝坪高速公路边坡施工成效

48 北方丘陵山地生态经济型水土保持林体系建设关键技术

一 技术特点

针对太行山旱薄蚀严重、造林难成活的世界性难题，以聚土蓄水为根本、生态经济协调发展为核心，选育了一系列抗旱、耐瘠优良林木新品种；构建出"蓄、集、整、改、排"工程技术体系；动态优化了坡面树种空间配置，创建了丘陵区果草畜立体发展循环模式、低山区生态林和经济林协调发展经济林模式、山区生态林观赏林经济林立体配置的旅游模式3种新模式，培育了特色鲜明的太行山经济林支柱产业，实现了生态—经济有机融合。

（1）发掘了太行山适宜林木种质资源，将常规方法与分子技术相结合，选育了7个树种18个抗旱、耐瘠优良林木新品种。

（2）创建了立体拦蓄降水、隔坡沟状梯田集蓄土肥、快速培肥改良新垦土壤、坡梯沟三位一体排水的"蓄、集、整、改、排"工程技术体系，使降水利用率提高到80%以上，增加土层厚度20~40cm，土壤侵蚀模数降到200t/（km²·年）以下，造林成活率由不足5%提高到85%以上。

（3）将工程治理技术、树种和品种选择、坡面植物配置方式有机融合，创建了丘陵区果草畜立体发展循环模式、低山区生态林和经济林协调发展经济林模式、山区生态林观赏林经济林立体配置的3种"旱薄蚀"山地生态经济型高效治理模式。

（4）创建了早实薄皮核桃"三适"、优质苹果"乔砧密植、垂帘修剪"标准化生产技术，形成太行山特色经济林产业标准化技术体系。

二 适用范围

在太行山丘陵退化山地大面积推广应用，创建了千万亩生态经济林治理示范区和百里百万亩优质核桃产业带。

三 应用方法

（1）在平均坡度较小、土层较厚（>15cm）、人均面积较大的山场，构建高效生态经济树种营造管理技术，营建以高效生态经济树种核桃、苹果与生态防护树种紧密结合，水土资源高效利用的生态经济林，生态防护型水土保持林占总土地面积的50%左右，经济林占20%~25%，林草总覆盖率达90%以上。

（2）山坡上部水分、土壤条件较差的坡面、无法进行高规格整地的坡面，在充分做好水土保持工程的基础上，采用针、阔叶混交的方式发展水土保持林。

（3）山坡中下部土壤及水分条件较好且条件较好坡度较缓的坡面、坡脚及沟谷地带，发展高效经济林。

四 典型案例

在太行山邢台低山丘陵区，对上述技术进行示范。

树种空间配置结构

干旱丘陵区林—禽生态经济型水土保持模式

生态治理后林区

49 冀西北坝上地区防护林退化机制及改造技术

一 技术特点

自 2000 年以来，冀西北坝上地区以杨树为主的防护林出现了大面积的退化，对当地农牧业发展带来了严重威胁。本成果在明确防护林退化的生态学机制的基础上，提出了包括退化程度诊断、围栏封育、树种替代以及多种造林方式相结合的坝上地区退化杨树防护林改造技术，为构建稳定的三北防护林生态系统、维持三北地区的生态安全提供了技术支撑。

（1）该成果揭示了坝上地区两大造林树种——杨树、樟子松耗水量的差异，为坝上地区使用耗水量低的樟子松取代耗水量高的杨树提供了理论依据；确定了坝上地区防护林的实际蒸散量、最小及适宜生态需水定额，为坝上地区防护植被的选择提供了科学依据；明确了杨树防护林的退化机制，杨树防护林的枯梢率和死亡率与林分年龄、土壤钙积层、林分密度及气候的干旱化有关。

（2）集成了以退化程度诊断、树种调整、多种造林方式配合、围栏封育等为主要技术环节的退化防护林改造技术。应用杨树防护林退化诊断技术，对防护林退化程度进行诊断，确定退化程度，即严重退化、中度退化和未退化。根据退化程度确定改造技术措施。

严重退化防护林：进行树种调整，使用耗水量更低且对干旱环境适应能力更强的樟子松、白榆取代已经死亡的杨树。

中度退化防护林：采用萌蘖更新、伐桩更新相结合的方式对杨树进行更新改造，具有造林成本低、成林快速的优势。同时，采用围栏封育促进林下植被的发育，形成结构完整、稳定高效的防护林生态系统。

二 适用范围

本成果适用于吉林、辽宁、河北、山西、陕西、甘肃、青海、宁夏、内蒙古、新疆等省份杨树退化防护林的改造。

三 应用方法

（1）对拟改造的退化防护林的退化状况进行调查、分析与评价，划分退化等级，包括严重退化、中度退化和未退化。

（2）针对不同的退化程度，采取相应的改造技术措施。对于严重退化的林分，伐除枯死木，使用樟子松或白榆进行更新改造；对于中度退化的防护林，采用两种方法进行改造。

（3）伐桩更新。对于胸径小于30cm的衰退木，伐去林木的地上部分，利用伐桩进行萌条，2年之后从萌条中选择2~3个长势最好的个体加以保留，其他去掉。

（4）萌蘖更新。对于胸径大于30cm的衰退木，伐除林木的地上部分，用工具切断伐桩的侧根，促进伐根萌蘖，2年后从萌蘖的个体中选择2~3株加以保留，其他去掉。

（5）在改造林地的周边架设网围栏，以防止牲畜干扰，同时促进林下植被的发育。

四 典型案例

本成果在河北省西北部坝上地区，包括张北、尚义、沽源、康保等地的退化杨树防护林改造中得到了应用。防护林改造造林成活率达90%以上，防护林植物物种丰富度及其生物量分别提高30%和400%以上。

用樟子松改造退化的杨树防护林　　　　　　杨树根蘖更新造林

改造后形成的以冰草和羊草为优势种的林下草本植被层

50 沙枣繁殖及苏打盐碱地造林技术

一 技术特点

松嫩平原苏打盐碱地和科尔沁沙地是典型的生态脆弱区，其植被恢复、生态治理和有效利用一直是困扰农林业发展和生态建设的难题。现有树种及造林、经营技术无法满足近百万公顷荒漠化土地造林绿化、植被恢复的需要。本项目采用引种成功、通过吉林省林木良种审定的沙枣，构建了沙枣繁殖技术体系和造林技术体系，为盐碱化、沙化等困难立地的生态修复提供抗旱、耐盐碱且兼具生态经济价值的树种及繁殖、造林技术。

（1）提出高效繁殖技术体系。筛选优良株系52个，种子发芽率85%，嫩枝扦插生根率84%，组培增殖倍数为8倍，生根率95%，移栽成活率85%。

扦插关键技术：选用无杂质河沙，用0.5%高锰酸钾消毒，再用清水喷淋3次。当基质含水量达70%时进行扦插。选取当年生枝条中上部，作为穗条，长度10cm，留2~3片叶，剪去3/4叶片。用生根粉6号200mg/L或生根粉1号100mg/L、200mg/L进行点蘸处理。7月中旬至8月上旬扦插，扣塑料棚，并覆盖70%遮阴网。

组培关键技术：顶芽和腋芽用75%乙醇30秒和10%次氯酸钙15分钟消毒。诱导培养基MS + BA 2.0 + NAA 2.0，扩繁培养基MS + BA 1.0 + NAA 0.5，生根培养基1/2 MS + NAA 0.5。炼苗3~5天，用0.1%多菌灵洗苗移栽，基质黑土和炉灰（或河沙）2∶1，4~8周后常规管理。

（2）提出了中重度盐碱地客土造林技术和沙地造林技术，包括穴状整地、客土制备、苗木选择、截干处理、种植时间、栽植密度、栽植方法、抚育管理、平茬利用及必要的辅助工程设施（深水机井、防护沟和排蓄两用水沟）。"重度苏打盐碱地沙枣造林保活方法"授权2010年国家发明专利ZL201010516995.9。

（3）提出饲料添加剂的加工工艺流程和优化配方，饲喂小鼠、肉鸡、猪和肉牛均获得明显的增重效果，其中肉牛日增重达0.97kg，显著降低了饲料成本。

二 适用范围

本成果可在盐碱化、沙化土地等困难立地区域进行推广示范。曾列入《吉林省西部盐碱地生态经济发展"十一五"规划》，成为吉林省西部荒漠化治理的主要造林树种之一，在吉林省西部地区的白城、乾安、通榆、镇赉、大安和松原等地推广应用，在增加植被覆盖度、改变荒漠化景观和固氮改土方面发挥了积极的促进作用。

三 应用方法

（1）整地。栽植前 2~3 天穴状整地，挖穴 30cm×30cm×30cm。视盐碱穴内客土、原土、沙土和有机肥各 1/3。

（2）栽植。①1 年生苗，高 50cm 以上，生长健壮，根系发达，无病虫害。茎保留 5~10cm 截干。②春季 3 月下旬至 4 月中旬，秋季 9 月末至 10 月中旬。③1m×2m、1m×3m 或 1m×6m 株行距，密植、条带状和块状。④单株或 2~3 株穴状种植，回填土踩实。秋季或翌春补植。

（3）浇水。春季顶浆造林，栽后及时浇水。4 月末或 5 月浇透水 2~3 次，至 6 月中旬之前，视旱情穴内浇水 2~3 次。防雨涝，封堆高度以 3~5cm 为宜。

（4）除草。穴内除草松土，每年 2 次，同时进行平茬处理和病虫害预防。

（5）管护。设置围栏和防护沟，常年管护。

（6）平茬。每年 7 月中旬和 9 月下旬平茬，留茬高度 5~10cm，嫩枝叶晾晒后做饲料。

四 典型案例

在吉林省大安市乐胜乡建立了中重度盐碱地沙枣示范林。

沙枣原种采穗圃

重度盐碱地沙枣平茬生长及对比

重度盐碱地沙枣示范林

51 河西走廊抗旱灌木种类筛选及造林关键技术

一 技术特点

针对河西走廊造林树种单一、苗木繁育技术落后、造林成活率低等问题，采用同质源试验和综合抗旱评价的方法，筛选出了 4 种优良抗旱树种，获得 6 个红砂和 7 个唐古特白刺优良家系，审定了 4 个林木良种，优化了容器苗、扦插苗、组培苗繁育体系，研发了种子包衣技术，实现了优良抗旱灌木在西北干旱区人工造林的广泛应用。

（1）构建了生理和形态相结合的优良灌木综合抗旱评价指标体系，筛选出了唐古特白刺、泡果白刺、红砂和柠条 4 种抗旱树种，获得了优良红砂家系 6 个和优良唐古特白刺家系 7 个。从西北干旱区广泛收集的优良家系种质资源中选育了'甘农 1 号'与'甘农 2 号'唐古特白刺和'红抗一号'与'甘农 2 号'红砂 4 个良种，良种具有生长量大、抗旱、成活率高等特性。

（2）开展了优良抗旱灌木植物种子包衣剂最佳浓度比选试验，获得 8 种植物最佳种子包衣剂配方，提出了优势灌木人工播种种子包衣技术。

（3）提出了唐古特白刺组织培养技术规程和唐古特白刺嫩枝扦插繁殖技术规程，颁布相应的地方标准，成活率达 80% 以上。

二 适用范围

已在河西走廊石羊河流域综合治理工程中推广应用，本成果适宜于甘肃、新疆、宁夏荒漠区人工造林和荒漠植被恢复中。

三 应用方法

在张掖地区，采用穴栽方式，株行距为（0.8~1）m ×（0.8~1）m。主要措施包括：
（1）苗木培育。对所选的优良家系采用容器育苗，基质用沙土，覆土厚度 1cm 以内。
（2）容器苗移栽。移栽采用穴栽，穴大小以能将容器苗放入为佳，穴深度略深于容器高。
（3）栽后管理。栽后立即灌水，之后视土壤水分和天气灌溉。
（4）越冬管护。越冬前灌足冬水。
在武威地区，采用穴植或缝植方式，株行距为（2.5~3）m × 3m。主要措施包括：
（1）整地。石质戈壁采用带状整地或穴状整地，沙地不整地。整地和造林同步。在杂草多的地方采用穴状整地；杂草少的或无杂草的地方，采用带状整地。

（2）造林。有灌溉的地方春季造林，无灌溉的地方雨季造林。石质戈壁移栽采用穴栽，穴大小以能将容器苗放入为佳，穴深度略深于容器高。沙地采用缝植，开缝后将苗木栽入缝中，深度比原土痕深1cm左右。

（3）灌溉。栽植后立即灌溉，成活前视苗木和土壤情况及时灌溉，成活后可减少灌溉次数直至不灌溉。

（4）栽后管理。在成活前，及时清除杂草，成活后可不再管理。

（5）树体管理。当树木成活后，若树龄达15年以上且长势减弱，并出现退化现象时，采用平茬的方式促进更新，留桩高度5cm左右，休眠期平茬。

四　典型案例

在张掖地区，成功应用了红砂和唐古特白刺优良家系建立了种质资源圃。在武威地区，成功应用了柠条和唐古特白刺等优良灌木进行了固沙造林。

甘肃张掖市红砂优良家系种质资源圃
[4年生，（0.8~1）m×（0.8~1）m]

甘肃武威市柠条和唐古特白刺等优良抗旱灌木造林
（5年生，3m×3m）

52 沙区优良灌木造林技术

一 技术特点

在全面调查和总结各地区过去传统造林技术的基础上，全面系统进行了组装配套和集成，形成了涵盖品种引进、繁育、栽培、经营管理等方面的系列造林技术，为沙区或沙地灌木造林提供了较为完整的技术支撑。同时，在乌兰布和沙区按流动沙丘、固定半固定沙地、盐碱下湿滩地、砾石戈壁滩地 4 种立地条件类型构建了不同优良沙生灌木林配置模式。

（1）先后引进 14 个灌木品种。其中，引进的尖果沙枣通过播种繁育和造林区域试验，具有繁殖容易（播种出苗率 90% 以上）、造林成活率高（95%~98%）、生长量大（当年生长量 80~100cm）、抗逆性强、适生范围广（有效降水量不足 50mm 的地区能够正常生长）的优点。

（2）以土壤调查和分析为切入点，建立 3000 亩优良沙生灌木造林试验示范区。通过对立地适应性、林分配置、不同造林季节和不同栽植方式等进行研究，总结出一套能够有效提高造林成活率的技术措施，造林成活率达 90% 以上，覆盖度达 50%~70%。

（3）在试验和调查的基础上，通过对植株失水率对造林成活的影响、不同栽植深度对树木生长影响、混交林与纯林对比、整地与未整地对土壤含水率和土壤温度的影响、平茬对灌木生长影响等分析，比较全面系统地提出了提高沙区造林成活率的有效营造林技术措施，对同类地区生态建设具有指导意义。

尖果沙枣播种苗生长情况

尖果沙枣造林 5 年生长表现

二 适用范围

主要适用于干旱半干旱地区治沙造林和沙区综合治理。本成果可在沙区及其类似地区进行推广示范。目前，结合林业生态重点工程建设项目成果已应用于二连浩特市公路防护林建设。

三 应用方法

（1）苗木规格。选用2年生的尖果沙枣实生苗，地径在0.5cm以上。

（2）整地。采取穴状机械整地。整地时间选择在早春进行，整地重点针对风蚀沙化和砾石化滩地。整地的规格为40cm×40cm×40cm。

（3）合理密度。根据立地条件，确定造林密度为2m×2m。

（4）科学混交。一般采用乔灌混交的方式。通过营造混交林带，不仅能充分利用水、热、光、养分资源，减少病虫害的发生，还能改变林带的结构，提高防风固沙的能力。在示范林营造中，采取尖果沙枣和白榆带状混交的方式进行造林。

（5）造林季节。植苗造林在春季进行。

四 典型案例

在内蒙古二连浩特市成功应用了尖果沙枣用于公路防护林建设。

沙障内栽植梭梭

53 毛乌素沙地衰退灌木林更新复壮技术

一 技术特点

针对毛乌素沙地灌木林衰退问题，查明毛乌素沙地灌木林衰退的主要原因、特点及类型，提出不同衰退灌木林最佳平茬方案，确定不同类型衰退灌木林最优更新复壮措施，有效解决了沙区灌木林林分活力下降、防风固沙功能衰减的问题，实现了毛乌素沙地防风固沙林提质增效的目标。

（1）毛乌素沙地衰退灌木林复壮的关键技术参数（最佳平茬时间、留茬高度、平茬周期等）得以明确，针对不同灌木种类，提出不同衰退灌木林最佳平茬方案。沙柳最短平茬周期 3~4 年，最长平茬周期 10~12 年，最佳留茬高度 0~5cm，最佳平茬时间在 1~2 月；花棒、踏郎与沙柳类似。紫穗槐生长期一年可平茬 1~2 次，休眠期最佳平茬时间在 1~2 月，最长平茬周期 12~15 年，最佳留茬高度 10cm 以下；柠条与紫穗槐类似。

（2）明确了不同类型衰退灌木林的主要更新复壮技术模式，从而构建起毛乌素沙地衰退灌木林更新复壮技术体系。衰退灌木林，平茬后行间补植樟子松，樟子松株行距 6m×6m；灌木林空地较多时，补植樟子松（6m×6m）+沙地柏（1m×1m），或者采用插空补植。衰退乔灌混交林，对于衰退较轻的杨树、柳树，通过适当抚育后行间补植沙地柏（1m×1m），有空缺的地块补植樟子松；衰退较严重的杨树、柳树，通过抚育、间伐后行间补植樟子松（6m×6m）+沙地柏（1m×1m）。

二 适用范围

已在陕西省榆林市"塞上森林城"提质增效等工程中广泛应用。适用于陕西、甘肃、宁夏、内蒙古、新疆等干旱半干旱地区。

三 应用方法

（1）沙柳平茬复壮。半固定沙地平茬强度 20%~40%，固定沙地平茬强度 40%~60%。平茬时，应控制在地面以上 0~5cm 刈割。1~2 月，采用行带式平茬作业，留设防护林。带的走向与主风方向垂直，每个平茬带宽 20cm，带间距（即防护林带）40m。

（2）行间或空地补植樟子松。樟子松株行距 6m×6m，樟子松行间补植沙地柏（9 株 /m^2）、紫穗槐（株行距 1m×2m）等灌木。

（3）抚育管护。做好病虫害防治及禁牧等管护措施。

四 典型案例

在陕西省榆林市，成功应用毛乌素沙地衰退灌木林更新复壮技术。

灌木林地平茬复壮后补植樟子松

灌木林地补植樟子松 + 沙地柏

54 绿洲多层次整体防护林体系构建技术

一 技术特点

环塔里木盆地沙漠化、盐渍化、绿洲外围植被退化直接制约绿洲内社会经济发展和当地各族人民脱贫致富，影响人民的健康和生活质量，急需治理。针对极端干旱区水资源严重缺乏等现实问题，重点解决水资源高效率利用条件下植被快速恢复与重建技术，以多点突破和系统集成为目标，形成防沙治沙急需的关键技术，集成组装形成较为成熟的、适宜干旱区不同环境条件的防沙治沙配套技术和模式，为干旱区防沙治沙及生态环境建设提供技术支撑和实践范例。

二 适用范围

本成果可在沙漠绿洲及其类似地区进行推广示范。目前，技术成果通过多种技术的研发和组装配套，形成活化沙丘固定和绿洲多层次整体防护林构建技术体系，对防治绿洲外围的沙漠化、降低绿洲内部的风沙灾害、增强农业抵御自然灾害能力具有积极意义和示范作用，对促进区域稳定和增加农牧民收入具有现实作用。

三 应用方法

1. 极端干旱区沙生植物抗逆性评价指标体系

通过分析克拉玛依荒漠环境中灌木和草本植被的结构类型、组织水平、稳定程度以及所在生境的差异，观测物种的根系分布、发育、扩展情况，分析其调节土壤结构、肥力及固沙潜力，筛选出 13 种抗多重胁迫、经济型优良防沙治沙植物材料（梭梭、红砂、无叶假木贼、柽柳、灰杨、新疆杨、胡杨、中天杨、'密胡 1 号'、'密胡 2 号'、四翅滨藜、大果沙枣和尖果沙枣），结合同期监测的土壤理化数据，分析不同物种对当地水分条件和土壤情况的响应和适应机理，建立了极端干旱区沙生植物抗逆性评价指标体系。

2. 固阻结合的流沙固定技术

（1）施用保水剂进行生物固沙的技术。在白榆秋季造林中，施用保水剂可促进植穴内土壤水分的积累和保蓄，从而提高造林成活率，但对第二年高、径生长无显著影响。这说明施用保水剂对土壤水分的改善作用是有限的，仅能维持苗木基本需水量，确保苗木成活，并不能显著促进苗木的生长。经试验，每株 60g 为最优施量，此时白榆的成活率可达 96%。

（2）活化沙丘机械治理措施。

点阵式带状芦苇沙障固沙技术：在项目区内部的渠系、道路、田埂上均设置带状沙障，沙障材料为芦苇，带状沙障横竖间隔：20cm×15cm，高度为 40cm（地上 20cm、地下 20cm），直径为 6cm，评价带状沙障的固沙效果。观测指标：起沙风速、风速、垂直梯度风速、风蚀量、输沙量。固沙效果：使用带状沙障后，实验区与对照区比较，起沙风速可降低 5% 左右，风蚀量可降低 10% 左右。

不同类型固沙方格的固沙效果：设置高立式疏透结构沙障 500m，各种草方格沙障 10000m²，分为芦苇沙障、棉秆沙障、稻草沙障和土工网沙障，方格大小为 1m×1m，高 20cm，综合评价各种沙障的固沙效果和成本。固沙效果：使用沙障后，实验区与对照区比较，起沙风速可降低 10%~25%，风蚀量可降低 20%~45%。整体表现为芦苇方格 ≥ 土工网方格 > 棉秆方格 > 稻草方格。

（3）植物群落优化配置方式。在荒漠植被演替方面，具有独特旱生结构的无叶假木贼（叶退化）和木本猪毛菜（肉质）可以在裸露的龟裂地表定居。利用无叶假木贼和木本猪毛菜的这一自然演替特性，再辅以人工措施，可以促进荒漠植被顺行演替。

3. 绿洲多层次整体防护林优化配置技术

通过改进沟灌 + 覆膜灌溉，确定主防护林带的间距为 400m、林带宽 12m，树种配置为 2 行榆树 +2 行杨树 +2 行沙枣；副防护林带的间距为 800m、林带宽 8m，树种配置为 1 行榆树 +2 行杨树 +1 行沙枣。同时，确定沙枣和胡杨的灌溉定额为 250m³/ 亩、榆树的灌溉定额为 300m³/ 亩、杨树的灌溉定额为 350m³/ 亩，得出最佳的灌溉制度为年灌溉 3 次（5 月中旬、7 月中旬、10 月中旬）。比当地克拉玛依农业开发区农田防护林灌溉定额分别减少 350m³/ 亩、300m³/ 亩、250m³/ 亩。

四 典型案例

该成果关键技术先后在墨玉、尉犁、洛浦、沙雅、轮台、奇台、精河、吐鲁番等县市推广 3.77 万 hm²（56.5 万亩）。推广示范区内优良品种使用率 85%，造林成活率 83.2%~92%，比常规造林提高 7%；造林保存率为 86%，比常规造林提高 6%，植被覆盖度提高 30%~35%，节水 25%~35%，对示范区周边沙漠化防治与植被重建具有良好示范推广作用。

绿洲防风固沙体系示范区

55 典型生态脆弱区植被建设技术

一 技术特点

在对河北省北部典型生态脆弱区立地类型科学划分、现有成林模式调查分析、主要群落类型综合评价的基础上，开展了乡土植物和引进植物的筛选工作，从中筛选出优良适生植物 12 种，优良防沙治沙造林模式 3 个，提出与补播改良相结合的林牧一体化生态经济型植被建设经营模式。针对造林后根系层土壤含水率低的问题，提出"微灌节水保墒造林法"，施以一整套标准化造林技术体系。针对生态脆弱区土壤有机质含量低、改良周期长的难点，应用"树枝等废弃物资源的创新利用"技术，形成以林废粉碎物有机覆盖为体系的沙地综合治理技术。主要技术内容包括：

（1）提出了与补播改良相结合的林牧一体化生态经济型植被建设经营模式：樟子松（油松）和柠条、苜蓿、冰草、披碱草相结合的防风固沙模式。

（2）提出了微灌节水保墒造林法，围绕造林苗木，施以整地蓄水技术，结合深栽造林技术、大容器造林技术、可降解地膜覆盖保墒技术，再配合容器微灌技术应用形成的造林技术体系，根系层含水率较长周期维持在 6%~9%。

（3）提出了以林废粉碎物覆盖为体系的综合利用技术，用于沙化土地治理、树穴覆盖保墒、提高地力。结合生物沙障措施可快捷、有效地恢复和重建流动沙地和半固定沙地退化生态系统。

（4）提出了使用幼树网套保护解决造林幼苗易被牲畜啃食破坏的问题。

二 适用范围

该项技术主要应用于流动沙地和半固定沙地等生态脆弱区的治理。结合京津风沙源治理工程等生态林业工程，在张家口市和承德市等生态脆弱区，推广应用与补播改良相结合的林牧一体化生态经济型植被建设模式、微灌节水保墒造林法、树枝等废弃物资源的创新利用技术、柠条平茬更新技术等，累计推广 3.6 万亩。该技术也能够在条件相似的内蒙古、山西等我国北方沙化地区推广应用。

三 应用方法

（1）修复治理方案。根据沙化程度及植被基本情况，制定适宜的治理技术方案。轻度沙化草地：围封禁牧；中度沙化草地：采用补播优质牧草 + 围封禁牧；重度沙化草地：穴状或斑块状整地 + 林废有机覆盖物覆盖 + 沙障 + 补播优质牧草 + 围封等。

（2）整地。沙化区风蚀强烈，采用穴状整地或斑块状微域整地方式。

（3）铺设林废有机覆盖物。

（4）沙障。在裸沙地的上风口和迎风坡面设立沙障，沙障地上高度 40~50cm。

（5）补播草种。选择适宜的乡土优质牧草实施沙化草地补播。

（6）管护措施。实行封禁保护，生态修复治理地段应封禁 3~5 年。

四 典型案例

在河北省承德市丰宁国有林场管理处草原林场，应用"树枝等废弃物资源的创新利用"技术，形成以林废粉碎物有机覆盖为体系的沙地综合治理技术，治理效果显著。

林废有机覆盖物技术结合直播种草治理修复半固定裸沙地

樟子松造林树穴铺施林废有机覆盖物生长现状

56 典型高寒沙区植被恢复技术

一 技术特点

针对高寒沙区植被修复问题，突破了高寒沙区造林成活率低、植被恢复难度大的技术瓶颈。利用覆盖式沙障固定沙丘，其间种植适生灌草植物，形成自然生长的植物沙障。筛选出抗寒、抗旱性良好的植物品种，并提出了相应的栽培技术。该技术包括高寒沙区机械和生物固沙技术，优良抗逆性植物材料筛选与扩繁技术，无灌溉造林技术，防护林优化配置技术以及退化土地植被快速恢复技术。

二 适用范围

本成果可在高寒沙区及其类似地区进行推广示范。目前，成果已应用于国家级工程包括三江源生态治理工程、藏东南防沙治沙工程，青海省海南州塔拉滩生态治理工程、青海湖流域生态环境保护与综合治理等重点生态建设项目。

三 应用方法

主要涉及机械和生物固沙技术、高寒沙区优良沙生植物选育与栽培技术、退化灌草场恢复与改良技术、化学固沙技术等。

（1）针对流沙固定，采用植物和机械措施相结合的流沙固定技术。包括人工沙障固沙特别是黏土沙障固沙、工程和生物相结合的固沙技术。人工沙障设置后的无灌溉造林技术，选育优良抗逆性植物包括柠条、沙蒿、柳、乌柳、沙棘等。采用"种植绳"技术固定流沙，利用覆盖板引导植物沙障形成的固沙技术。

（2）针对高寒沙区退化灌草地修复，采用退化灌草地封育恢复和改良技术包括中度退化灌草场封育植被恢复，确定合理的封育年限和放牧强度。重度退化灌草场在网围栏全封育条件下全面补播、带状补播和块状补播的人工辅助植被恢复技术。

（3）高寒沙区人工植被恢复的生态效益评估技术。通过对人工植被恢复区气温、土壤含水量、减缓风速和减少沙尘、土壤改良和碳储量等指标的分析，综合评估高寒沙区人工植被防风固沙、土壤改良功能和碳储量变化，在此基础上构建固沙效益评估技术体系。

四 典型案例

　　该成果关键技术已在青海共和县沙珠玉、塔拉滩和青海湖东等地推广应用。在共和高寒沙区推广应用无灌溉下的直播造林、水冲深栽造林、流动沙丘混播造林等技术示范4400余亩，推广示范区植被覆盖度在原有基础上提高了26.7%，造林成活率平均达到95.3%，并取得了良好的生态、经济和社会效益。

流动沙丘柠条直播

57 防风固沙林体系优化模式

一 技术特点

　　根据流动沙丘植物自然分布的趋水性特征，遵循"适地适树"的原则，按照"分区治理，突出重点，适度造林"的治理思路，以近自然斑块划分造林地块，采取"早栽、深栽、壮苗、浸水"综合配套技术，流动沙地直播生物沙障固沙技术、丘间地封育灌木造林技术以及复合型沙障综合治理高大密集型沙丘技术，构建了固沙、阻沙林带，适度恢复沙地植被等综合固沙林技术体系，提高沙区植被固沙生态系统的稳定性和植物固沙的综合生态防护作用。

　　（1）流动沙丘分部位固沙造林。按照流动沙丘高度和坡度的差异，流动沙丘顶部到中上部不进行植被建设，而是利用沙丘的渗水、保水功能，为沙丘中下部补给水源；沙丘中到下部的 1/2 处，重点进行造林活动，建立固沙阻沙林带，实现固定流动沙丘的目的。造林成活率达 93% 以上，当年沙柳高生长量 1.0~1.5m。局部地段出现风蚀，平缓或背风区沙埋，沙柳生长旺盛，流动沙丘植被盖度 40% 以上。

　　（2）流动沙地直播生物沙障固沙技术。将一年生燕（小）麦植物种和多年生目的树种杨柴、小叶锦鸡儿按照比例配合后进行直播，发挥一年生燕（小）麦生长快、当年能够形成密集生物沙障的能力，翌年目的树种自然取代 1 年生沙障植物种，并自然形成网格状生物沙障，持久发挥目的树种沙障的固沙作用。当年流动沙地植被覆盖率为 20%，第 2 年为 40%，第 3 年达 50% 以上，第 4 年植被覆盖率达 60%~70%，并形成物理、生物结皮。

　　（3）复合型沙障治理高大密集型沙丘技术（沙柳—杨柴混交固沙林综合配套技术）。针对高大密集流动沙丘风蚀严重、危害大、治理成本高的实际情况，科学利用风力的蚀积作用，合理配置沙障技术，控制造林区域的风蚀积沙，并采取生物和沙障工程措施相结合的综合技术，实现流动沙丘植被的恢复和重建，控制了流沙危害，使高大密集流动沙丘得到有效治理。3 年后流动沙丘植被平均覆盖度由 5% 提高到 23%~33%，植物种由 4 种增加到 8 种，风蚀危害得到完全控制。

二 适用范围

　　已在内蒙古呼伦贝尔沙地、科尔沁沙地、浑善达克沙地、库布齐沙漠、乌兰布和沙漠和京津风沙源治理工程中进行技术推广示范。

三　应用方法

在库布齐沙漠 3m 及以下流动沙丘迎风侧 1/2 以下部位，不设置沙障而人工挖坑深栽、早栽措施进行固沙造林。沙柳苗木规格为 1~2cm 粗的插条苗，插条长度 60~75cm，造林密度为 1m×4m 或 0.5m×4m，造林前苗木全株浸水 24~48 小时，造林时间为 3 月下旬至 4 月初。

在呼伦贝尔沙地根据流动沙地起伏、平缓等状况，直播生物沙障网格设计为 1m×1m、1m×2m 和 2m×2m 等，雨季将杨柴、燕（小）麦按重量 1：5 的比例进行混播，每亩播种量为 12kg。

在科尔沁沙地选择黄柳、杨柴、沙柳、柠条、沙蒿等再生能力强的、长度为 50~60cm 的 1~2 年生灌木枝条作生物沙障。设置 2m×2m 或 4m×4m 沙障，沙障高度为地面以上 20cm，沙障入土深度为 30~40cm。同时，沙障内栽植黄柳、杨柴，株距为 0.5~1.0m。

四　典型案例

在库布齐沙漠人工挖坑深栽、早栽措施进行固沙造林。在呼伦贝尔沙地设计网格，混播杨柴、燕（小）麦。在科尔沁沙地选择 1~2 年生灌木枝条作生物沙障并栽植黄柳、杨柴。

流动沙丘分部位造林

复合型沙障治理高大密集沙丘

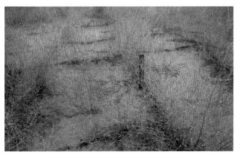
流动沙地直播生物沙障固沙

58 塔克拉玛干沙漠绿洲外围防风固沙体系及流动沙丘固定技术

一 技术特点

在塔克拉玛干沙漠西北缘选择典型示范区，集中示范干旱区水资源合理利用与植被优化配置技术、固阻结合的流沙固定技术、绿洲节水型防护林体系优化配置技术等，建立干旱区绿洲多层次整体防护体系，提出保障生态安全的技术途径，提供了可复制、可推广、可借鉴的干旱区绿洲边缘生态保护和合理开发的模式，为遏制区域生态环境退化、构建生态屏障、确保生态安全提供科学依据和技术支撑。

（1）筛选出抗多重胁迫经济型优良固沙植物 13 种，提出防护林体系和防护林带建设模式 9 个。

（2）提出节水型活化沙丘生物固定、节水型防护林、生态用材型防护林等建设模式，提出微咸水高效利用灌溉措施，明确了塔克拉玛干沙漠绿洲外围生态系统景观格局动态变化趋势，形成了优良沙生植物筛选、快速繁育、多水源高效利用种植技术，固阻结合流沙固定模式及植被优化配置。

二 适用范围

适用于新疆及其气候相似地区。

三 应用方法

（1）优良经济型固沙植物材料筛选技术。采用盆栽控制、小区试验、样方调查等多种方法，通过对参试植物生长适应性、生理生态特性进行测定分析，最终通过隶属函数法进行排序，综合判断各植物的抗旱、耐盐特性。

（2）微咸水滴灌造林技术。通过梯度试验、数据模拟、模型建立，提出不同植物微咸水最佳滴灌量、灌溉制度等。

（3）优良经济型固沙植物节水灌溉技术。采用淡水滴灌，设计梯度对比试验，数据模拟、模型建立，提出了优良沙生植物适宜的灌量。

（4）荒漠植被保育和快速恢复技术。通过对绿洲边缘天然植被群落组成、结构、层次动态及潜在群落的土壤种子库的调查，界定了植被分布与地下水动态的定量关系，揭示了天然荒漠植被演替规律和退化机理，提出了荒漠植被保育和恢复技术。

（5）固阻结合流沙固定技术。固阻前期采用平茬更新复壮的生物治理措施，结合活化沙丘机械治理措施（芦苇方格、土工网方格、棉秆方格、稻草方格、点阵式带状沙障）、多种植物配置营造技术、优良沙生植物综合种植技术、管花肉苁蓉接种优化增产技术形成综合固阻结合流沙固定技术。

（6）绿洲多层次整体防护林优化配置技术。对不同配置模式下的防护林结构特征、生长特性〔郁闭度、高、径生长、叶面积指数（LAI）、绿色度特征（SPAD）〕、种植模式与水土要素关系（土壤容重、土壤水分、土壤盐分、土壤养分、土壤 pH 值、土壤温度）、碳储量、综合防护效益等指标的测定与评价，提出了绿洲多层次整体防护林优化配置技术。

四　典型案例

本科技成果在"沙雅县万亩防沙治沙景观廊道生态建设工程"中进行示范推广。示范区采用脱硫石膏、腐殖酸和甘草渣等盐碱土改良剂，结合深沟造林等技术措施，建立立体防风固沙林体系 740 亩，其中点阵式沙障 40 亩，防风固沙林 700 亩，推广应用优良固沙植物胡杨、新疆杨、沙棘、大果沙枣、枸杞、柽柳 6 种。推广防护林优化配置模式：新疆杨＋沙枣、胡杨＋沙棘、胡杨＋柽柳混交林、大果沙枣、枸杞纯林等建设模式 5 种。

沙雅县万亩防沙治沙景观廊道优良固沙
植物配置区（2000 亩）

沙雅县万亩防沙治沙景观廊道点阵式沙障
示范区（50 亩）

59 准噶尔盆地南缘生态修复与绿洲防护体系建设技术

一 技术特点

针对风沙危害严重区域的绿洲防护林体系混交比例低、生态学稳定性差和功能不完备等问题，在 100mm 降水条件下的温带干旱区，一是基于保护优先、自然恢复、因害设防、系统治理的原则，构建了"3 区—2 带—1 网"生态修复和绿洲防护林体系建设模式；二是形成 6 种防护林带优化配置模式；三是研发了干旱区无灌溉直播、植苗造林和节水灌溉造林技术。

二 适用范围

已在黑龙江、内蒙古、新疆等省份推广应用。

三 应用方法

（1）一般封育区。对以梭梭为建群种的地带性荒漠植被采用围栏封育保护措施，该区纵深至沙漠腹地。

（2）重点封育区。在围栏保护的基础上，采用飞播（直播）造林（种草），飞播造林种草的植物种可为梭梭、白梭梭、沙拐枣、三芒草、驼绒藜等。该区为临近绿洲的沙漠地带，带宽 10km 左右。

（3）无灌溉造林区。造林树种以梭梭为主，也采用梭梭与头状沙拐枣混交，株行距为 1m×3m。深栽是提高造林成活率的关键技术措施。该区紧邻绿洲，宽度 1~2km。

（4）防沙阻沙带。主要配置模式：梭梭、柽柳、沙拐枣带状混交或梭梭纯林，株行距均为 1m×2m，带宽 50~100m，梭梭接种肉苁蓉，采用滴灌。

（5）基干防护林带。带宽为 30m 左右，配置模式为胡杨（银杏、斯大林杨）、沙枣带状混交，胡杨带与沙枣带宽比为 2∶1，株行距均为 1.5m×2m，采用滴灌。

（6）农田防护林林网。

①林网规格。绿洲内部林网规格不宜 ≥ 50hm²，绿洲边缘的林网规格，视风沙危害程度进一步缩小。

②树种选择。在绿洲边缘和盐碱较重的地段，以胡杨、沙枣为主，在立地条件较好的广大绿洲内部，则以夏橡、水曲柳、黑核桃和银杏等优质用材树种为主。

③林带配置。

绿洲边缘：主林带 6~8 行，胡杨与沙枣行间混交，行距 1.5~2m，株距 1.5m，迎风面配置 1 行沙枣；副林带 4 行，胡杨纯林或与沙枣行间混交。

绿洲内部：主林带 6 行，白蜡、夏橡、水曲柳、白榆与银杏、斯大林杨选用两个树种行间混交，行距 2m，株距 1.5~2m，副林带 4 行。

一般封育区：围栏封育，恢复植被，固定活化沙丘，减少区域沙尘天气发生。

重点封育区：围栏封育基础上，辅以飞机（人工）播种，加速植被恢复进程。

无灌溉造林区：人工植苗造林，植物空间结构合理，固沙效益显著。

防沙阻沙带：梭梭、柽柳、沙拐枣带状混交或梭梭纯林，株行距均为 1m×2m，带宽 50~100m 为宜，梭梭可接种大芸，有效遏制沙流蚕食绿洲，优先采用滴灌。

基干防护林带：带宽 30~50m，配置模式为胡杨（银×新、斯大林杨）、沙枣带状混交，株行距为 15.m×2m，大幅度降低风速，削弱荒漠气候对绿洲的影响，优先采用滴灌。

农田防护林网：主林带 4~6 行、带间距 200~300m，2 个以上树种组成；副林带 2~4 行，带间距 400~600m，选用生态经济林树种，庇护农田，有效防止、降低农作物风沙灾害。

"3 区—2 带—1 网"模式建设成效

四 典型案例

在新疆准噶尔盆地南缘的昌吉回族自治州、博尔塔拉蒙古自治州、新疆生产建设兵团第八师大规模推广，成功地开展了本技术应用。护田增产效益达 22.7%~33.6%，取得良好生态、经济、社会效益。

胡杨基干防护林带

60 石羊河中下游河岸植被恢复与沙化防治技术

一 技术特点

针对石羊河中下游河岸植被带严重受损和河岸稳定性降低，引发和加剧了一系列生态环境问题。从河岸不同空间尺度的植被受损过程及受损特征分析入手，结合人类干扰活动分析其对植被结构和功能的影响，确定河岸植被带宽度，距河岸不同距离的物种丰富度，植被盖度与河床间距关系，划分河岸带植被类型、地下水动态与河流补给关系及影响范围；分析河岸植被与区域沙化关系，提出了修复治理模式。

（1）依据河间距确定河岸植被修复区间和树种。河岸带宽度为 300~500m，地下水位 3~5m 为草本植物生长良好的临界水位，而地下水位 10~18m 为灌木生长良好的临界水位。将河岸带进行分区，采取不同修复技术模式。

（2）根据河岸生态类型区，修复退化植被。在季节性流水小灌木荒漠区，补植耐旱灌木以增加植被覆盖度，适当增加生态用水，对河岸林进行适当浇灌，以维持乔木林的生长。在丰水段河漫滩荒漠河岸灌木林区，加强抚育管理。在涸水段人工渠系区进行适当灌溉造林，补植断带部分植被。加强河岸植被管护和病虫害防治，减少人为破坏。

（3）选择适宜植物，依据植物的繁殖特性促进植被自然修复。充分利用植物的生活周期，选择树种，进行人工抚育与修复。根据地下水埋深和矿化度条件，土壤水分和土壤积盐趋势，选择较耐盐碱的植物种，如胡杨、柽柳、芦苇、罗布麻、甘草、骆驼刺等进行退化植被的修复。

（4）人工辅助下的封育。在封育初期，选择自然更新能力强的植物，在上风向进行人工造林，促进风沙区荒漠河岸植被恢复。

（5）辅以非生物措施的造林，调整现存人工植被的类型及其结构。在河岸植被带建立过程中，辅以非生物措施，促进植被系统快速恢复，提高河岸植被防护作用。

二 适用范围

项目技术成果可应用于河西三大内陆河流域综合治理，适用于干旱区类似地区。

三 应用方法

（1）通过相关资料收集、实地调查资料和卫片信息，分析石羊河河岸植被的组成、结构、分布与退化过程，确定河岸植被的类型、分布格局及其生态过程。

（2）测试不同技术手段对不同退化植被的恢复效果，特别是在促进退化植被的功能性恢复和生物复壮等方面的效应，同时探索难以修复的植被更新技术，修复并建立河岸植被。

（3）在河岸水文变化和土壤理化性质调查基础上，研究不同植被类型的优化配置；在河流径流量和河岸植被宽度控制的前提下，探讨合理的区域退化河岸带植被建植模式。

四 典型案例

在石羊河河岸带，建立植被恢复和沙化治理示范区。

补植耐旱灌木以增加植被覆盖度

利用植物繁殖特性促进河岸植被自然修复

加强河岸植被管护和病虫害防治

61 毛乌素沙地彰武松、班克松引种扩繁及固沙造林技术

一 技术特点

针对毛乌素沙地树种以落叶灌木为主，针叶树仅有樟子松这一树种单一的问题，首次在毛乌素沙地榆林沙区引种彰武松、班克松，丰富了当地治沙造林的优良针叶树种，总结形成适宜半干旱区气候特点的班克松、彰武松优良苗木繁育和造林关键技术体系及优化配置模式，提升了毛乌素沙地生态环境建设的质量和防护效益。

（1）摸清了彰武松、班克松生物学特性，创新了彰武松嫩枝嫁接技术，将嫁接成活率由 55.7% 提高到 92.1%。

（2）构建了班克松育苗技术体系，采用低床育苗，床面长 15~20m、宽 100~110cm、深 18~20cm；按 1m³ 黄绵土、2kg 硫酸亚铁、5kg 磷肥（过磷酸钙）的比例配制营养土，装袋；种子用高锰酸钾进行消毒，沙藏或浸种催芽处理，1/3 种子露白后即可播种，每袋 5~8 粒进行点播、覆沙、洒水；采用移苗器培养大苗。

（3）总结出彰武松、班克松造林关键技术，创新提出彰武松、班克松与灌木混交、针阔叶树种混交、针叶树混交和机械整地 + 低密度造林 4 种优化配置模式。

二 适用范围

已在陕西、内蒙古、辽宁、西藏、宁夏等省份防沙治沙、水土保持工程中推广应用，适用我国三北半干旱区的沙地、黄土地、土石山区等立地类型。

陕西榆林半固定沙地彰武松、班克松带状整地造林

三 应用方法

（1）彰武松、班克松与灌木混交造林。灌木选择柠条、沙柳、长柄扁桃、沙地柏、沙棘、紫穗槐等。主栽树株行距 5.0m×6.0m 或 6.0m×6.0m；灌木株行距 2m×2.5m。

（2）针阔叶树种混交造林。混交阔叶树种有榆树、杨树、旱柳、刺槐等。两行针叶树，一行阔叶树，株行距 5.0m×6.0m 或 6.0m×6.0m。

（3）针叶树混交造林。樟子松、赤松、油松、云杉、侧柏等混交。主栽树种和混交树种各两行，株行距 5.0m×6.0m 或 6.0m×6.0m。现有针叶林改造采用斑块状混交。

（4）机械整地 + 低密度造林。固定半固定沙地采用机械带状整地，宽 3m，带状走向尽量与主风向垂直，相邻两条整地带的中心线间距 6m。在整地中心线栽植，株距 6m。

四 典型案例

在陕西省榆林市及神木市，成功应用了毛乌素沙地彰武松、班克松引种扩繁及固沙造林技术。

陕西榆林半固定沙地机械带状整地 + 低密度造林

陕西神木班克松与杨树混交林

62 陕北抗旱造林综合配套技术

一 技术特点

针对陕北地区造林树种选择不当、搭配不合理及造林成活率低等问题，通过选择抗逆树种，优化造林配置模式，总结提出黄土高原抗旱造林综合配套 6 项关键造林技术，并筛选出 4 种混交造林树种配置模式，全面提高了造林成活率和保存率，巩固了林业重点工程建设成效。

（1）总结提出黄土高原抗旱造林综合配套的"抗旱树种选择、造林前预整地、容器大苗造林、绿色植物生长调节剂（GGR）处理根系、截干适度深栽、覆膜套笼"等 6 项关键造林技术，平均造林成活率 88.7%，保存率 84.6%，较常规造林分别提高了 33.3% 和 37.8%。

（2）总结筛选出适于毛乌素沙区和黄土高原"樟子松 + 新疆杨"块状混交林、"侧柏（油松）+ 榆树（五角枫）"乔木混交林、"侧柏（油松）+ 紫穗槐"和"樟子松 + 紫穗槐"乔灌混交林等 4 种混交造林树种配置。

（3）总结提出不同立地条件下樟子松"沙丘地造林、平坦沙地造林"模式。

二 适用范围

已在陕西省榆林、延安、渭南等地区推广应用，适用于陕西省及全国同类立地条件地区。

三 应用方法

（1）造林树种选择。按照"适地适树"和"抗逆性强"的原则，选择樟子松、油松、侧柏、紫穗槐等优良乔、灌树种。

（2）造林优化配置模式。采用"樟子松 + 紫穗槐""侧柏（油松）+ 紫穗槐"乔灌混交模式。

（3）抗旱整地技术。采用鱼鳞坑整地，规格不小于 80cm×50cm×50cm，"品"字形布置。

（4）针叶容器大苗造林。选用 4 年生以上营养钵苗，苗高 1.2~1.5m。

（5）截干、适度深栽。紫穗槐等萌芽力强的树种，造林前进行截干。樟子松适度深栽至第一侧枝处，深约 40cm。

（6）苗木根系处理。用浓度 25~50mg/kg GGR 溶液浸泡苗木根系 0.5~2 小时，或喷根后焖 0.5 小时，然后进行造林，也可在造林后用 25~50mg/kg GGR 溶液灌根。

（7）地膜覆盖。将农用地膜制成 40~80cm 的方块状（或购买成品），沿任一边的中点向中心开缝，中心打孔，树木栽植后，绕树干展开铺平，使中心孔沿与树皮留有 1~2cm 间隙，把缝对齐后用土覆压，地膜四周垒土压实，形成四周高、树根部低的"漏斗"形树盘。

（8）菌根剂造林。在栽植穴底部均匀撒上菌剂，每株施菌剂 0.5kg。

（9）樟子松"六位一体"造林。搭设障蔽、大坑换土、壮苗深栽、浇水覆膜、套笼、生物防治。关键是覆膜、套笼。

四 典型案例

在陕北黄土高原地区，成功应用抗旱造林综合配套技术，平均造林成活率提高。

套笼栽培　　　　　　　　　　　　　　　　　治理后效果

63 民勤绿洲边缘退化防护体系修复技术

一 技术特点

针对民勤绿洲边缘防风固沙体系严重退化，防护功能下降和沙丘重新活化的生态现状以及水资源紧缺、地下水位深和土壤干旱等生态水文条件，形成了绿洲边缘退耕地植被恢复技术、石羊河尾闾湖沙化区植被保育技术，提高了降水利用效率，加快了植被正向演替进程。

二 适用范围

已应用于石羊河流域的防沙治沙工程，并辐射到河西走廊其他区域的重点生态建设项目，适用于我国北方沙区。

三 应用方法

（1）绿洲边缘退耕地植被恢复技术。采用拖拉机开深 30cm、口径 30cm 的"U"形沟，浇水 1 天后，按照株行距 1m×1m 栽植 1 年生沙冬青健壮容器苗，栽植当年仅需浇 2~3 次水，成活率达 97.5%、保苗率达 91.5%，栽植 3 个月以后新梢平均长 7.2cm。适用于沙壤土退耕地的植被恢复，且造林成活率高，后期管护少。

退耕地沙冬青植被恢复效果

（2）尾闾湖沙化区植被保育技术。生态输水形成水面后，采用水面落种法，在水面撒播柽柳种子 $10g/m^2$，待退水后种子便在湖岸定居，出苗率和保苗率 75% 以上，每平方米可得苗 500 余株，当年苗高 50~80cm，2 年后可形成稳定柽柳群落。适用于地下水位处于 1~2m，且受间歇性水淹的盐碱化土地，操作简单，植被恢复迅速。

四 典型案例

绿洲边缘退耕地植被恢复技术已在石羊河林业总场泉山分场应用，尾闾湖沙化区植被保育技术已在民勤青土湖区应用。

尾闾湖水面撒种植被恢复效果

64 活沙障建植技术与功能保育

一 技术特点

本项成果是对活沙障技术的深化与集成。在干旱区风沙治理中，面临着机械沙障埋压损坏快、使用周期短、植物保存率低、防护效益差、建植成本高等问题。因此，本成果通过选择抗旱适生的活植物组建障体，并以机械措施稳定障基，采用层组设防的方式，同时跟进必要的移动滴灌高效补水、稳固建植带下等保育措施，使其发挥长久持续的防护功能，弥补片林防治的欠缺。

该成果集沙旱生植物与高立沙障为一体，采用条带状层组设防越境风沙流，以增加系统内植物因素占比。其技术重点如下：一是垂直于主害风向，条带状种植适生植物 1~3 种，组成幅宽 1~2m、致密度达 30%~36% 的高立活沙障带，带下辅以 2~3 倍宽度的机械沙障稳固地表，二者相辅相成。二是利用沙旱生植物耐风蚀沙埋及自然高度、幅度的生长属性，利用活体植物组建致密障体，逐层缓解风力，消减风蚀与流沙移动能力，将沙阻积于障中与障后 1~3 倍障高水平距离范围内。三是依据当地年输沙量和可供选择的植物生存特征，系统设计活沙障障体高度、栽植密度、幅宽、带间距及地表稳固的机械沙障幅宽等各项指标。四是层组障体宜先疏后密，带间距宜先宽后窄，逐层消减风力，减少越境输沙量，促使防护系统下风向实现输沙量降低 85%~90% 的水平。五是活沙障具有水分消耗低、建植成本小、组群防护的优势，使用寿命可达 15 年以上。六是包含障体功能保育技术措施，如促成障体致密度相对稳定的人工补植或整形、地表稳定措施补救、特殊干旱期人工给水等内容，进而形成了《活沙障技术规程》。

二 适用范围

该技术已应用于兰新铁路酒泉三合段和包兰线青铜峡风沙危害治理，应用范围可延伸至丘陵水土流失治理、盐碱地保护利用、矿山废弃物场的植被恢复等领域。

三 应用方法

（1）垂直于主害风向，条带状种植适生植物 1~3 种，组成幅宽 1~2m，致密度 30%~36% 的高立活沙障带，带下辅以 2~3 倍宽度的机械沙障稳固地表。

（2）利用沙旱生植物耐风蚀沙埋及自然高度、幅度的生长属性，以及活体植物组建致密障体，逐层缓解风力，消减风蚀与流沙移动能力，阻沙积沙于障中与障后 1~3 倍障高水平距离范围内。

（3）依据当地年输沙量和可供选择的植物生存特征，系统设计活沙障障体高度、栽植密度、幅宽、带间距及地表稳固的机械沙障幅宽等各项指标。

（4）层组障体宜先疏后密，带间距宜先宽后窄，逐层消减风力，减少越境输沙量，促使防护系统下风向实现输沙量降低 85%~90% 的水平。

（5）活沙障体现水分消耗低、建植成本小、组群防护优势，使用寿命 15 年以上。

（6）包含障体功能保育技术措施，促成障体致密度相对稳定的人工补植或整形、地表稳定措施补救、特殊干旱期人工给水等内容，参见《活沙障技术规程》。

（7）兰新铁路酒泉三合段风沙危害治理，选择东疆沙拐枣作为活沙障的主栽植物，单排单障致密度可达 35%，成型障高 1.5~2.0 m，防护积沙范围障前 3 倍障高，障后 7.6 倍障高，通过设置 3 层活障体带，切断流沙输入重点防护区，越境风沙流下降了 75%~85%，取得了良好的防护效果。

四　典型案例

该技术在兰新铁路酒泉三合段、民勤东沙窝、三北防护林建设风沙危害治理中应用。

设置间距 20m 的 2 年生梭梭活沙障现场

酒泉三合段铁路防沙区遗留的活沙障治理现场

民勤东沙窝活沙障治理现场实景

65 内蒙古巴彦淖尔市盐碱地造林技术

一 技术特点

本项成果共选用 18 种耐盐碱树种，采用行带式混交、乔灌混交、乔乔混交等不同的造林模式及回填土方式。其中，中轻度盐碱地以原土回填为主；重度盐碱地采用原土回填、沙土回填、原土＋沙土回填、原土＋有机肥回填及有机肥回填 5 种回填方式。同时，还采用 5 种不同的整地及土壤改良措施进行造林对比试验。通过对比试验和系统分析，成功筛选出几种适宜在河套灌区盐碱地造林的树种，并总结出在不同的立地条件下应采取不同的治理措施。此外，还编写了河套灌区盐碱地开沟、起垄、翻晒等造林技术规程，有效地提高了盐碱地造林成活率。技术创新点：本项目采用工程、生物、化学措施改良盐碱地，降低盐分，筛选出适宜盐碱地的造林树种，形成了河套地区盐碱地造林技术集成。

二 适用范围

该成果主要适用于河套平原气候较为干旱、寒冷，同时具有引黄灌溉且土壤次生盐渍化较重的地理类型区域。目前，该成果已在巴彦淖尔市新华林场及五原县等盐碱较重的地区进行了应用示范。

三 应用方法

本成果采取的主要技术措施包括工程措施、生物措施和化学措施。

（1）工程措施。研究开沟、起垄、翻晒等不同工程措施对不同树种造林成活生长的影响。

（2）生物措施。对红柳、胡杨、沙枣、小美旱杨、柳树等盐碱地造林树种进行耐盐极限研究。研究增施绿肥等生物措施对不同树种造林成活及生长的影响。

（3）化学措施。研究脱硫石膏等不同化学措施对不同树种造林成活及生长的影响。

采取工程措施、生物措施、化学措施整地后，土壤含盐量和 pH 值较改良前有不同程度的下降。其中，起垄和施脱硫石膏的整地方式降盐、降碱效果明显，其造林成活率明显高于其他整地方式。

各树种的成活率和保存率也有了显著提高，小美旱杨、柳树、胡杨、沙枣的造林成活率为 86%，造林保存率为 82%；红柳的造林成活率为 72%，造林保存率为 69%。

四 典型案例

河套平原盐碱地开沟起垄造林技术推广示范项目。

（1）试验地点。位于临河区图克镇。

（2）实施单位。巴彦淖尔林业科学研究所。

（3）治理规模。项目区面积 700 亩。

（4）造林措施。采取工程措施，即开沟、起垄。

（5）造林树种。包括小美旱杨、柽柳。

（6）效益。该项目建成后为巴彦淖尔市新增人工林造林面积 700 亩，通过植被的增加，有效改良盐碱地，提高盐碱地利用价值，对环境改善具有一定的促进作用。此外，该项目可带动周边剩余劳动力的就业，促进经济发展和社会稳定。

灌溉洗盐

起垄整地

66 干旱荒漠区煤炭基地生态修复适宜技术体系及模式

一 技术特点

针对西北干旱荒漠区煤炭因基地大规模、超强度开采而导致生态破坏严重，且长期缺乏生态修复技术体系、技术模式以及相应的典型示范工程的问题，在排土（矸）立地类型划分、技术模式分类基础上，运用层次分析法、景观功能评价法，对已治理排土（矸）修复工程所采用技术模式的实施效果、适用性进行评价，并集成项目研发的关键技术，提出完整、系统的排土（矸）生态修复技术体系和模式。

（1）划分西北干旱荒漠区煤炭基地排土（矸）场主要立地类型。在对已治理工程立地影响因子调查基础上，筛选影响当地立地主导因子，利用主导因子进行立地类型划分及命名。

（2）评价筛选排土（矸）场生态修复工程适宜技术模式。运用层次分析法、景观功能评价法，对已治理所采用技术模式的实施效果、适用性进行评价，初步得到排土（矸）场生态修复工程效果较适宜的技术模式，并集成项目研发适生植物配置、土体重构、沙尘防控、节水灌溉技术，建成 2 处排土（矸）场修复技术模式集成试验示范工程。从不同技术模式工程措施稳定性、植物适应性及经济性三方面构建评价指标体系，通过对集成试验示范工程技术模式评价，最终提出干旱荒漠区煤炭基地排土（矸）场生态修复适宜的技术体系及技术模式。

二 适用范围

该成果已在乌海、灵武、石嘴山建成 3 个示范基地和 8 个集成示范工程，示范总面积达 6000 亩以上，示范区露天排土场植被覆盖率较自然状态本底值（5%~10%）提高20% 以上，废弃迹地示范区治理率达到 100%。此外，该成果可以应用于三北地区内蒙古、宁夏、甘肃、新疆煤矿排土场、排矸场等生态修复工程中，具有良好效果。

三 应用方法

（1）选择沙蒿、雾冰藜、沙打旺、地肤、蒙古冰草、柠条等植物作为排土场边坡建植适生物种。

（2）选择撒播适生植物种 + 微喷灌溉方式 + 砾石沙障、沙柳沙障、稻草帘子为排土场边坡风蚀防治的主要技术模式。

（3）排土（矸）场土体重构层序为底层防渗层采用开采剥离的泥岩，蓄水改良层采用剥离的表土、风化和半风化物，表层采用剥离砂岩砾石覆盖抑制蒸发层。

（4）煤矿区表土利用技术。根据煤炭开采区表土特点应尽可能剥离表土，并采用表土覆盖＋补播灌草种＋砾石覆盖技术模式。

四　典型案例

在内蒙古西部干旱荒漠区煤矿排土场成功应用该成果。

内蒙古乌海新星煤矿排土场集成示范工程

内蒙古乌海新星煤矿排土场技术模式

内蒙古乌海骆驼山排土场生态修复技术模式

67 土壤改良剂及其制备方法和造林地盐碱化土壤改良技术

一 技术特点

本项技术结合盐碱地土壤类型特征，重点解决盐渍化土壤改良、修复及盐碱地造林技术难题，为盐害区域生态环境建设提供强有力的技术支撑。在造林地盐碱化土壤改良造林技术方面，涵盖了一系列行之有效的技术方法。例如，开深沟覆盖定植苗木，实现沟内排盐；采用带状开沟挖定植穴，并在沟内撒施以脱硫废弃物为主要成分的改良材料等进行盐碱地治理。本技术所使用的土壤改良剂是以工业脱硫废弃物为主要成分的盐渍化土壤改良材料。具体而言，是将脱硫石膏、腐殖酸、硫酸镁、水溶性高分子聚合物和固体酸混合均匀后得到的一种土壤改良剂。通过本项技术，能够显著降低盐碱化土壤的 pH 值、土壤碱化度和土壤总盐含量，有效降低了盐碱化土壤的改良成本，改善了土壤的质地和肥力，极大地提高了苗木存活率。

二 适用范围

本技术适用于新疆、内蒙古、甘肃、青海、陕西等省份，以及我国华北、东北及西北盐碱化土壤分布地区及其类似地区。

三 应用方法

（1）深沟及沟底的穴状整地。整地规格，根据盐碱危害的轻、中、重、极重的程度以及林种、树种确定开沟深度和宽度，沟呈梯形，沟底定植穴大小按造林设计要求开挖苗木定植坑。

（2）带状整地。带状整地要沿等高线进行，其形式有水平阶、水平槽沟等。

（3）整地时间。以春季造林为主，秋季造林为辅，在造林前一个季节整地挖沟，预先整地挖穴但不栽植。

（4）树种选择。乔木树种宜选择根深、耐盐碱、抗风、抗病虫的优良树种，灌木树种宜选择耐盐碱、抗风、固土、适应性强的树种。造林后平均成活率达到 87.6%，土壤 pH 值由原来的 8.9 下降到 7.8，全盐含量由原来的 0.92% 下降到 0.46%。

四 典型案例

在新疆准噶尔盆地南缘的新疆甘泉堡工业园区进行了大面积的应用，开展了园区土壤改良和绿化造林工作。绿化造林树种为圆冠榆、长枝榆、大叶白蜡、小叶白蜡、紫穗槐、樟子松、黄金树、丁香、榆叶梅等，改良造林后平均成活率达到 87.6%，土壤 pH 值由原来的 8.9 下降到 7.8，全盐含量由原来的 0.92% 下降到 0.46%。工业园区对土壤改良区域的乔灌木进行抽样调查，结果显示成活率 平均为 87.9%，土壤的 pH 值下降到 7.8~7.5，全盐含量下降到 0.46%~0.61%。

园区大道景观绿化带盐碱改良造林

盐碱地改良乔灌结合造林技术模式

68 黄土丘陵区生态综合治理模式

一 技术特点

该技术通过引入新品种、新技术、新模式，探究植物选择及配置方式，并将其应用于生态治理示范。合理开发观赏性好、经济价值高的乡土植物和生态经济植物，并探索高效栽培管理技术，同时结合水肥一体化高效节水灌溉技术，提高生产力，以特色产业带动乡村振兴发展，从根本上解决黄土丘陵区生态环境问题、增加农民经济收入，真正实现绿水青山向金山银山的转变，助推黄土丘陵区经济持续高质量发展，实现生态效益、社会效益、经济效益的全面发展。

（1）根据黄土丘陵区土壤水分含量及植物需水量、抗逆性分级统计，针对不同绿地类型进行了植物选择规划，研究黄土丘陵区植物配置密度及不同配置模式的植物选择和配置比例，并在隆德县进行了黄土丘陵区植物空间配置、抗旱节水、林木养护管理等关键技术集成应用，总结黄土丘陵区生态治理及植被恢复技术。

（2）在固原市原州区隋唐文化园建立引种示范基地 500 亩，引种驯化六盘山乡土观赏植物 30 种和生态经济植物 15 种，筛选出特色树种，引进火箭筒育苗容器、无纺布容器育苗袋和果树矮化控根育苗容器 3 种林木育苗容器进行栽培应用，并集成示范了造型油松培育技术。

（3）在隆德县神林乡建设大果榛子示范推广基地 950 亩，引进栽培大果榛子品种 4 个（'达维''玉坠''B21''辽 7'），筛选出适合黄土丘陵区栽植的品种，并总结出了大果榛子栽培繁育技术规程。

（4）在固原市原州区和隆德县引进水肥一体化设备，开展水肥一体化灌溉技术示范，实现了节水、节肥、节力、节时四大功效。

二 适用范围

该项技术在黄土丘陵区类似区域均可应用。

三 应用方法

（1）大果榛子新品种、水肥一体化技术示范在隆德县开展应用，带动当地合作社和农户种植 1226 亩，苗木成活率均达 93% 以上。

（2）油松控根造型技术在固原市、泾源县示范推广十余户单位和合作社，推广面积

1000 余亩。油松经过 2 年的造型后，每株销售价格增长了近 10 倍，经济效益显著。

（3）黄土丘陵区植物空间配置、抗旱节水、林木养护管理等集成技术在宁夏黄河流域山水林田湖草沙一体化保护和修复工程、内蒙古高原生态保护和修复工程、宁夏南部生态保护修复与水土流失综合治理项目上进行了大面积应用。

四 典型案例

在六盘山建立育苗示范基地 500 亩，带动苗木产业向专业化、规模化、标准化、现代化及品牌化方向发展，形成"特色突出、品质优良"的"六盘山特色苗木"品牌。引进大果榛子品种 4 种，建成繁育圃 58 亩，压条繁育苗木 30 万株，推广种植面积 1226 亩。引进水肥一体化设备 2 套，建成蓄水池 1 座，示范小管出流、微喷等节水灌溉技术 1000 亩。

隆德县新民乡大果榛子套种黄花菜基地

隆德县渝河流域治理成效示范点

彭阳县金鸡坪梯田百合示范基地

69 冀北沙化土地生物综合治理技术

一 技术特点

　　该技术针对冀北沙化区的风沙危害，在调查沙化地区植被特征、引进适宜治沙植物材料、分析沙化土壤理化性质的基础上，提出适用于不同沙化土地类型的适宜植物材料和土壤主导因子，并应用再生沙障、大容器苗、生态垫、补播牧草等生物综合治理技术措施，有效治理流动沙丘和半固定沙地。主要技术内容包括：①沙化土地植被特征研究与分析；②适宜治沙植物引进、筛选；③沙化土壤的理化特征研究；④风蚀量变化规律研究；⑤流动沙地、半固定沙地综合治理技术研究。

　　（1）将黏粒、胶粒与有机质 3 个因子确定为风蚀沙土的特征因子，用于指导地力调节和植被恢复。

　　（2）通过引种栽培试验与调研现有人工固沙林，筛选出适宜治沙造林的植物 17 个。

　　（3）提出 3 项流动沙地治理技术，即草方格沙障结合直播种草、紫穗槐植物再生沙障、生态垫覆盖治沙造林技术。

　　（4）对 4 项半固定沙地植被恢复技术进行了技术创新：新疆杨大苗深栽造林、樟子松和侧柏大容器苗造林、利用秸秆和地膜覆盖造林地、风蚀沙地补播改良技术。

　　（5）提出了以原生植被、土壤沙化主导因子和植被演替规律为依据，选择应用适宜的治沙植物，根据植被退化阶段进行动态治理的技术措施。

二 适用范围

　　该项技术主要应用于重度沙化的流动沙地和中度沙化的半固定沙地的治理。结合京津风沙源治理工程、退耕还林还草工程等生态林业工程，通过工程示范和技术培训，在张家口和承德沙化地区，推广应用活沙障治沙造林技术、大容器苗造林技术和半固定风蚀沙地补播牧草技术，累计推广 10 万亩以上。推广应用的范围主要在河北省北部风蚀沙化区，在我国北方一些条件相似的地区，如内蒙古、山西等地，也具备推广应用的价值。

三 应用方法

　　（1）紫穗槐作为沙障材料具有较高的成活率，当年成活率可达 75%。它生长速度快，防护效果好，2 年生紫穗槐平均高 79.0cm，平均丛幅 42.6cm。植物再生沙障，以菱形网格与平行带状最为有效。垄状沙丘以菱形网格为宜，平行带状则更适合应用于丘间覆沙草地。

（2）平行带状沙障以带间距 2.5~3.0m 为宜，选择 4m×4m、6m×6m 模式。

（3）植物再生沙障一般采用紧密结构，沙障成活后发挥防护作用时其透风系数以 0.2~0.3 为宜。这样保证沙障植物不被风揭，也有利于成活。一般设置沙障主带走向为东北—西南方向，副带根据沙地坡面可垂直于主带，或主、副带形成 45° 夹角。

四 典型案例

在张家口宣化区黄羊滩，利用紫穗槐营建植物再生沙障，效果显著。

紫穗槐植物再生沙障（网格）结合直播种草

紫穗槐植物再生沙障（平行带状）

侧柏人工固沙林（利用大容器苗结合深栽造林技术）

70 高寒矿区生态修复关键技术

一 技术特点

该技术针对高寒矿区气候严酷、存在多年冻土、客土土源缺乏、植物生长季短等基础条件极差的情况，形成了一系列关键技术。关键技术包括：①冻土地貌重塑技术。通过采坑部分回填＋渣山分级降坡＋排水系统实现景观再造。②无客土土壤重构技术。运用渣土筛分筛选＋羊板粪有机肥拌合原位改良的方法。③七步法植被重建技术。按照渣土筛选＋挖排水沟＋拌入羊板粪＋施有机肥＋播种＋耙糖镇压＋覆盖无纺布的步骤开展。同时，构建了 1 个生态监测与评价体系，即渣土改良生态系统监测＋重建植被自我更新监测＋地表冻融水系连通监测＋生态修复综合评价＋补种种植补肥＋合理利用＋抚育管护。

针对高寒矿区气候、多年冻土、植物生长期短等特点，按照"以自然恢复为主，人工修复和自然恢复相结合""与周围地貌保持一致"的思路，通过原位试验和室内试验验证解决了高寒矿区植被恢复关键技术瓶颈。

通过冻土区地貌重塑、"以肥代土"无客土土壤重构、乡土草种混播植被恢复和生态监测与抚育管护等开展技术研究和应用推广，构建了高寒矿区植被恢复技术体系，研发创新了多年冻土区地貌重塑技术、"以肥代土"无客土土壤重构技术、乡土草种混播植被恢复技术、生态监测与抚育管护技术等 4 项技术。

冻土地貌重塑技术采用削坡减荷、稳定坡面处理、修筑排水沟（坝）等措施；无客土土壤重构技术通过筛分渣土，采用羊板粪、有机肥和牧草专用肥拌合等措施；通过筛选乡土草种及组合搭配试验，构建了植被恢复技术；采用卫星遥感、无人机等"天空地"一体化监测手段，开展动态监测，掌握人工植被演替动态，科学评估高寒矿区植被恢复成效。

二 适用范围

该项技术适用于青藏高原多年冻土区，因矿产开采形成的矿坑、堆积渣山和排土场等造成草原植被和湿地破坏区的生态修复。目前，该项技术已经在青海海西蒙古族藏族自治州（简称海西州）、海北藏族自治州（简称海北州）、果洛藏族自治州（简称果洛州）3 州的 9 个市（县）高寒矿区推广应用，推广应用面积 9.78 万亩。该技术经过试验研究、验证和应用，形成了一套可示范、可复制、可推广、见效快的高寒矿区综合植被恢复模式。

三 应用方法

采用七步法恢复高寒矿区植被，主要措施包括：

（1）渣土筛选。通过筛选的渣土覆盖或就地翻耕捡石后形成深度为 25cm 的种草基质层（覆土层），25cm 深度种草基质层中直径大于 5cm 的石块比例不超过 10%。

（2）修建排水沟。渣山坡面 30~50m 内修建排水沟，与采坑边坡平台区修建的拦水坝共同形成排水系统。

（3）改良渣土。在渣土中拌入羊板粪、有机肥。将羊板粪（每亩用量 33m³，厚度为 5cm）、颗粒有机肥（平台区每亩用量 1500kg，坡地每亩用量 2000kg），摊铺在种草基质层上，采用机械或人工方法，均匀拌入种草基质层，深度大于 15cm。

（4）撒施有机肥。将颗粒有机肥（平台区每亩用量 750kg，坡地每亩用量 1000kg）通过机械或人工方式，撒施在种草基质层表面。

（5）播种。用同德短芒披碱草、青海冷地早熟禾、青海草地早熟禾、青海中华羊茅、同德小花碱茅（星星草）混播，混播比例为 1∶1∶1∶1∶1 或同德短芒披碱草、青海冷地早熟禾、青海中华羊茅、同德小花碱茅（星星草）比例为 1∶1∶1∶1。4 种牧草种子（坡地 16kg/ 亩，平地 12kg/ 亩）和 15kg/ 亩牧草专用肥混合，通过飞播、机械撒播或人工撒播等方式，撒播在种草基质层表面。

（6）耙糖镇压。对播种的地块，采用机械或者人工方法耙糖镇压。

（7）铺设无纺布。耙糖镇压完成后，铺设无纺布。无纺布边缘重叠处用石块压紧压实。

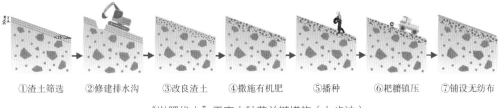

①渣土筛选　②修建排水沟　③改良渣土　④撒施有机肥　⑤播种　⑥耙糖镇压　⑦铺设无纺布

"以肥代土"无客土种草关键措施（七步法）

四 典型案例

2020—2023 年，该技术在青海省矿区生态修复工程项目区推广总面积 9.78 万亩。其中，在木里矿区开展技术推广面积 3.4 万亩、祁连山南麓青海片区推广面积 4.57 万亩、三江源地区推广面积 1.81 万亩。与传统技术相比，木里矿区植被恢复节约成本 14.33 亿元、祁连山南麓青海片区植被恢复节约成本 11.72 亿元、三江源地区节约成本 7.91 亿元。形成的高寒矿区生态恢复的典型案例，丰富了恢复生态学内容，植被盖度稳定达到 70% 以上，生物多样性显著提高，取得了显著的生态、经济和社会效益。

木里矿区聚乎更 5 号井生态修复整体效果

木里矿区聚乎更 4 号井生态修复整体效果

71 沙地贫瘠土壤地力保育技术

一 技术特点

该技术围绕生物质土壤改良剂展开，为土壤改良提供了一种创新且环保的办法。生物质土壤改良剂是众多土壤改良剂中的一类，是以林业、农业生产中的生物质废弃物或剩余物为主要原料，通过加工粉碎、堆料发酵、生物降解等过程研制而成的产品，富含微生物、养分等有益物质，显著改善沙质贫瘠土壤的物理、化学和生物性质，增加土壤有机质含量，是一种绿色无污染的土壤调理剂。

二 适用范围

该项技术适用于北方半干、半干旱地区以风沙土为主的林地、农业种植地沙质土壤改良及其苗木繁育基质改良。

三 应用方法

（1）制备材料。由主料、辅料和分解菌等组成。主料选择林业生产中的剩余物，如锯末、刨花、枝条以及农作物秸秆，枝条和秸秆可粉碎成粒径小于 5mm 的碎屑，以缩短分解周期。辅料主要选择家畜粪便等。分解菌选择活性强、降解木质纤维素性能高的菌种。

（2）制备工艺。通过原料粉碎预处理、堆料接菌发酵、生物（蚯蚓）降解等过程，形成生物质土壤改良剂，制备一批次需要 12~15 周的时间。

（3）应用技术。

① 沙区容器苗繁育基质应用。改良剂与风沙土按 25%~35% 的比例混合后形成改良基质，装入育苗容器钵内便可播种育苗。

② 沙区林地贫瘠土壤改良应用。对于乔木林，在树木两侧距离根茎 20cm 处开挖长 × 宽 × 深为 40cm × 30cm × 20cm 的剖面，灌木则在株（丛）两侧挖剖面或沿着栽植行距离 30cm 处开沟，沟宽和深控制在 30~35cm 和 20~25cm，注意深度不宜过深，避免损伤根系。改良剂约按 30% 的体积比例与沙土混合，并在 10~20cm 层回填。

③ 沙区生态造林底肥应用。生物质土壤改良剂可作为造林底肥应用。造林时，与栽植穴或栽植沟的土壤按 30%~40% 的体积比混合均匀后回填在 10cm 以下的土层。

④ 沙区农业种植地改良应用。生物质土壤改良剂也可以用于沙质农业种植土壤改

良，整地时，按 30%~40% 的体积比与 0~30cm 耕作层原土混合改良。

四 典型案例

该技术先后在内蒙古库布齐沙漠、毛乌素沙地生态造林地沙质土壤改良中得到推广应用。

风沙土改良后的小叶锦鸡儿幼苗生长状况
（G1：改良剂体积比 15%、G2：改良剂体积比 25%、
G3：改良剂体积比 35%、G4：改良剂体积比 45%）

风沙土改良后的杨柴幼苗生长状况
（G1：改良剂体积比 15%、G2：改良剂体积比 25%、
G3：改良剂体积比 35%、G4：改良剂体积比 45%）

毛乌素沙地风沙土改良造林后的杨柴苗木生长状况（改良剂体积比 30%）

72 腾格里、巴丹吉林沙漠交会处综合治沙技术

一 技术特点

该技术采用生物固沙与机械阻沙和输导防沙相结合的多种治沙模式，建立了沙漠交汇处风沙口综合防沙体系。通过综合防沙体系的建立，可使体系内风速降低 65%，风蚀面积减小 80% 以上。治理一年后，沙害程度减少了 51.96%，沙害面积减少了 88.4%，积沙量减少了 87.6%。在机械沙障防护下的人工直播灌草一年后覆盖度达 16% 以上。

（1）固、阻、输防沙治沙工程技术集成。采用机械防沙技术与生物防沙技术相结合的措施，依据"积沙固阻""拉沙输导""以固为主、固阻结合"的防沙治沙原则，在治理区输沙口设置高 1m 的土工布高立式沙障，阻断沙源；采用 1m×1m 稻草草方格沙障和 1m×1m、高 15cm 的土工网沙障，缓解和遏制沙埋危害，改变下垫面及周围环境，促进流沙输导，为生物固沙工程创造稳定的物理环境。

（2）雨养生物固沙技术集成。在工程治沙区实施直播造林，造林树种选择沙蒿、沙米等，直播 3 年，植物的盖度为 42.3%，平均高度增加到 46.8cm，沙障网格中心平均风蚀也下降到 1.3cm。

（3）综合治理技术体系与模式。由沙障固沙、人工植被建设技术体系、机械阻沙、输导防沙构成的防沙模式，重点解决了强风沙、无灌溉条件下的流沙固定这一关键技术问题，从根本上解决了流沙固定问题，进而缓解和遏制风沙危害。风沙口综合防沙体系的建立，使风沙口沙丘顶部输沙强度降低 10% 以上，由原来的 31510.1kg/（m·年）减小到 27632.1kg/（m·年），输沙量减少 3576kg/（m·年）。防沙体系建成后，植被覆盖度由 0 增加到 20% 以上，防沙成本降低 13.5%。

二 适用范围

该项技术可在腾格里沙漠、巴丹吉林沙漠、乌兰布和沙漠风沙危害严重、强风沙、无灌溉的荒漠区域及其类似地段进行推广示范。目前，该成果已应用于公路、盐湖防沙治沙工程项目中。

三 应用方法

稻草方格沙障设置为 1m×1m，沙障入沙深度 15cm，沙面以上 15cm，每公顷用草量不低于 8000kg，从沙丘上部往下按高低或材料堆放远近顺序施工，采用人工犁铧沿

经纬样线划开流沙表面，深度保持在15~20cm，随后将稻草平铺在样线上，施工人员使用铁锹压干沙来敷设稻草中线，使稻草两端上翘，同时采用土耙从两侧归拢流沙，入沙深度最少为15cm，保证稻草两端翘起部分高于沙面层15cm，完成局部沙障铺设。

对于土工网沙障，在沙丘迎风坡底部2/3处设置土工网沙障。其中，主带应与主风方向垂直，副带与主带垂直，具体铺设方法采用就地取沙填充和平铺。

在完成稻草方格沙障和土工网沙障这些机械沙障的设置后，于其防护下种植、撒播固沙植物。

四 典型案例

在阿拉善左旗腾格里沙漠、乌兰布和沙漠国家沙化封禁保护区，以及阿拉善右旗、额济纳旗巴丹吉林国家沙化封禁保护区，采用沙障固沙、人工植被建设技术体系、机械阻沙、输导防沙构成的防沙模式28000多亩。

利用沙障固沙技术建立示范区

73 低覆盖度防沙治沙的原理与技术

一　技术特点

　　针对我国北方旱区固沙林稳定性差、小老树或成片死亡，以及水生态恶化等突出问题，整合植被格局演变的风沙物理、生态水文、近地层小气候变化、边行优势与生态学界面、人工治沙与自然修复耦合、乔灌草复层结构及与微生物相互促进的快速修复原理和方法，提出了低覆盖度防沙治沙体系的原理与技术，为我国北方旱区固沙植被的科学构建与可持续经营提供重要的理论与方法。

　　（1）以防风固沙、修复退化土地为目标，从提高水分利用率、增强植被稳定性和加快修复速度出发，在不同气候区筛选适宜的旱生树种。营造固沙林时，占地比例15%~25%、空留比例 75%~85% 的土地作为自然植被修复带的固沙林。

　　（2）初步确定的带间距：阔叶乔木 15~36m、针叶乔木 15~40m、灌木 12~28m、半灌木 6~12m。初步测定评估的降水渗漏水量为干旱区 1%~13%、半干旱区 11%~23%、亚湿润干旱区 15%~45%。

　　（3）在确保固定流沙和降水渗漏补给地下水的条件下，低覆盖度固沙林倡导建成多树种水平带状混交、乔灌带垂直复层结构的沙漠（地）疏林与自然植被修复组合的、促进土壤—植被—微生物快速修复的防沙治沙体系，显著提升植被的稳定性、生物多样性和可持续性。

二　适用范围

　　该项技术适用于半干旱、干旱和极端干旱区。

三　应用方法

　　（1）在半干旱区的应用。低覆盖度治沙技术明确地提出了半干旱区 200 多种主要造林树种的最低密度，如圆柏 900 株 /hm²、樟子松 210 株 /hm²、旱柳 270 株 /hm² 等。半干旱区固沙树种主要为乔灌木，可根据不同树种的生物学、生态学特性，调整带宽、带间距、株距，以保证固沙林正常生长。例如，樟子松"两行一带"式固沙林，其带宽20~40m、株距 4~5m、行距 5~6m，带间可撒播种植一年生草本如虫实、狗尾草等；杨树行带式固沙林带宽 25~36m、株距 3~4m、行距 4~6m。该区应以营造乔灌结合的混交林为主，如樟子松与山杏、沙棘、小叶锦鸡儿等，杨树与沙柳、柠条等混交；带间自然修复的植被主要是以草本植物为主的草原植被，如羊草、针茅、冷蒿等，以及沙蒿等半灌木；带间也可以撒播种植紫花苜蓿、披碱草、甘草等，水分条件好的地区可根据当地条件种植经济作物或粮食作物。

干旱区（阿拉善地区）低覆盖度治沙——梭梭"两行一带"固沙林模式

（2）在干旱区的应用。干旱区营建低覆盖度固沙体系的关键在于考虑植物的适宜性。因此，要重点考虑造林成本和极端干旱年份的干旱胁迫问题。在干旱区流动沙丘上，可首先考虑"单行一带"式或者"两行一带"式造林模式，在设置固沙林前需铺设沙障，然后在沙障方格内营建固沙林（灌木／半灌木）。例如，在干旱区栽植籽蒿"单行一带"模式，固沙灌丛的行距 6~10m，株距 0.5~1.0m；低覆盖度治沙技术明确地提出了干旱区主要造林树种的最低密度，如梭梭 360 株 /hm²、白刺 300 株 /hm² 等。带间自然修复的植被主要是以半灌木、灌木为主的灌丛植被，如籽蒿、油蒿、红砂、绵刺等半灌木，在干旱区带间修复微生物结皮也是主要的修复途径之一。

（3）在极端干旱区的应用。极端干旱区营建低覆盖度固沙体系重点是灌溉，必须考虑造林成本、灌溉成本及灌溉的可行性。低覆盖度固沙体系从整体上节省了造林成本及灌溉成本。在流动沙丘上，造林树种选择乔木和灌木均可，有条件的地方，也可以选择经济树种，在固沙林造林前需铺设沙障，在沙障方格内营建固沙林。例如，在极端干旱区应以"两行一带"式低覆盖度治沙模式为主，选用乔、灌木树种营造混交林，如杨树行带式固沙林带宽 25~36m、株距 3~4m、行距 4~6m；槐行带式固沙林带宽 16~26m、株距 3~4m、行距 4~6m。带间自然修复的植被主要是结皮（包括生物的和物理的），以及以半灌木、灌木为主的灌丛植被，如红砂、绵刺、骆驼刺等半灌木，但修复的速度非常缓慢。

四 典型案例

在甘肃、宁夏、辽宁建立典型试验示范区 8 处。

半干旱区（科尔沁沙地）低覆盖度治沙——赤峰杨与樟子松混交林固沙林模式

半干旱区（毛乌素沙地西缘）低覆盖度治沙——柠条锦鸡儿固沙林模式

74 科尔沁沙地全域治理技术

一 技术特点

该技术针对科尔沁沙地开展了全域水、土、气、植被、地质地貌等基础生态本底调查，建立全域生态本底数据集，为三北防护林工程科尔沁沙地歼灭战提供了重要的生态本底资料。通过建立模型，对比现状与理论上的最优植被空间布局，从农业水土资源提质增效、植被水资源承载力科学研判、加强生态设施建设、推进自然保护地和防护林体系管理养护等多方面提出基于水资源承载力的林草植被和农业生产优化配置方案。

（1）对比现状与理论植被空间布局提出提质增效、保护恢复、生态设施建设、管理养护四类优化配置方案。森林理论覆盖率比现状增加20.49%；灌丛理论覆盖率比现状增加7.47%；草地理论覆盖率比现状减少19.63%；荒漠理论覆盖率比现状减少5.81%。通过建立模型对5个区域7种作物的净灌溉量和灌溉面积进行了优化，得到了3种典型年份的高、中、低水土资源配置方案，得出了不同典型年份情况下各地作物灌溉面积和灌溉用水量的比例。

（2）开展全域水、土、气、生、地质地貌等基础生态本底及社会经济数据的调查，针对相关自然资源数据开展归一化整编。基于文献和实地调研，建立全域生态本底数据集，包括自然地理条件（地形地貌、水文、土壤、气候、植被、土地覆盖、土地利用）等数据，以及社会经济状况（人口和GDP）等数据。分析其降水与地下水位时空格局变化，预测未来30年降水格局变化趋势，结合现有土地利用现状，基于降水量及其地表分配，明确水资源承载能力与林草资源优化配置，编制出乔、灌、草水平衡的林草资源配置方案。

二 适用范围

该项技术自2019年始，便在科尔沁沙地全域进行推广应用。其在北方防沙带典型沙漠沙地全域生态治理领域展现出很强的适用性，能为该领域提出一揽子解决方案。

三 应用方法

（1）开展目标区全域生态本底调查，汇编地质、地貌、水文、气候、土壤、生物、资源环境、社会经济等生态本底资料。

（2）基于降水量及其地表分配，明确基于水资源承载能力和土地利用现状格局的林草资源理论配置分布布局。

（3）编制基于水平衡的乔、灌、草林草资源优化配置方案，提出典型林草资源优化配置技术模式。

四　典型案例

（1）本成果支撑谋划了三北防护林工程三大标志性战役中的科尔沁、浑善达克沙地歼灭战工程范围、实施目标、政策建议等内容。

（2）在科尔沁沙地全域和重点县科尔沁左翼后旗开展了基于水资源承载力的林草植被配置方案研究，通过综合分析区域地质、地貌、水文、气候、土壤、植被、社会经济等状况，对比现状与理论植被空间布局，为基层提供了提质增效、保护恢复、生态设施建设、管理养护四类优化配置方案，为基层开展林草植被建设提供了重要科学依据。

➤ 提质增效型（43.5%）
  ❑ 草原—森林升级（西北、南部）
  ❑ 草原—灌丛升级（西部）
➤ 保护恢复型（18.4%）
  ❑ 灌丛生态修复（西部）
  ❑ 草原生态修复（西部）
➤ 生态设施建设型（0.1%）
  ❑ 森林灌溉补水（东北、南部和西部）
➤ 养护管理型（38%）
  ❑ 森林维持管护（西北、西南）
  ❑ 灌丛维持管护（西部）
  ❑ 草原维持管护（中部、西部）

科尔沁沙地全力植被优化配置类型

75 宁夏土地沙漠化动态监测与农田防护体系优化技术

一 技术特点

　　针对制约宁夏及同类地区严重沙漠化问题，采取遥感解译和野外定位监测等方法，摸清了宁夏典型沙化地貌风蚀和沙尘分布特征，判定出沙化土地敏感区，量化了典型防护林空间风速特征、防风效能等。研究表明，草原开荒、过度放牧和沙质农田均是主要沙源，提出封沙育林育草、退耕还林还草、防护林与耕作优化等营林护"草"和林网耕作优化均是风蚀防治有效手段，对构建祖国北方生态屏障、保障黄河流域生态保护和高质量发展意义重大。

二 适用范围

　　该项技术适用于年降水量在 150~300mm 的宁夏周边及"一带一路"沿线国家干旱风沙区。

三 应用方法

　　（1）综合评价了宁夏沙漠化土地综合治理效果。应用"3S"技术监测宁夏沙漠化土地现状，准确掌握了沙漠化发生、发展规律，综合评价了宁夏沙漠化综合治理效果。研究表明，近 20 年来宁夏由于土地沙化造成的生态、经济损失分别下降 46.93%、43.84%，但沙化耕地反增 52%，还处于"人进沙退"与"沙进人退"的博弈中，治沙形势依然严峻，须充分发挥"滚石上山、久久为功"的治沙精神。

　　（2）明确了主要的沙尘源及其防控措施。摸清了宁夏中部干旱带典型地貌风蚀特征及主要人工修复措施对风蚀防治的贡献程度。研究表明，流动沙地风蚀最大，但以原地搬运为主，而草原开荒、退化草场、沙质旱作农田均是大气浮尘主要尘源。

　　（3）掌握了宁夏全境降尘及 $PM_{2.5}$、PM_{10} 变化规律。开展了贺兰山东麓葡萄基地建设对降尘与大气 $PM_{2.5}$、PM_{10} 的影响研究，创新研制出 4 种轻便专用监测设备并广泛应用。

　　（4）优化了沙区灌区农田防护林营建技术。明确了主林带和副林带的最佳方向，方向偏差均不应大于 30°。防护林主林带间距以 360~450m，副林带以 600~700m 为宜，网格面积 16.67~33.33hm²，骨干主林带宽度 4~10m，每带 2~4 行，副林带宽度 2~6m，每带 2~3 行。林带长度≥林带高度 12 倍。以乔木为主，乔灌结合；以生态林为主，生态经济结合。更新时，建议对现存的 90m 窄林带实施每 5 带去 4 带，保留 1 带，或每 4 带去 3 带，保留 1 带。提倡实施分期更新，先更新林网内周边窄林带，保留中间林带，3~5 年后，完成对中间林带的更新。

四 典型案例

该成果成功应用于国家退耕还林工程生态效益监测、商务部援外培训等工程，在 22 个"一带一路"沿线国家技术培训，创造了"阿拉伯国家防沙治沙技术培训班"百度词条，获得相关报道及新闻网页 26.2 万个，为"一带一路"沿线国家提供了中国治沙智慧。

在中国—阿拉伯国家博览会上设计制作的
中国防沙治沙主要技术模式沙盘

生态经果林矿山修复模式应用

76 湿地资源遥感快速监测与综合分析技术

一 技术特点

针对湿地受气候水文等影响大，湿地边界难界定、湿地类型易混淆等突出问题，从监测对象、监测目的和时空尺度等角度出发，提出了我国湿地资源遥感快速监测与综合分析指标和技术体系，创建了湿地类型和湿地植被快速、精准识别技术，研建了湿地资源类型、数量、空间分布的动态分析与预测模拟技术，形成了湿地资源监测管理系统，实现了湿地资源遥感精准、高效监测与评估。

二 适用范围

该项技术可应用于全国湿地监测评估工作，在湖南、青海、黑龙江、辽宁、江西、北京、云南、广东、海南等20多个省份的80多个湿地区域开展了湿地监测评估等推广应用，在全国退耕还湿工程保护地验收核查工作中开展了应用，在湿地保护修复方面发挥了重要作用，其成果支撑了全国和全球湿地制图工作。

三 应用方法

（1）湿地类型精准监测技术。针对湿地类型季节差异大、边界提取困难等技术难点，改进了多时相特征、物候、植被光谱等分析方法，创建了面向对象分层算法的湿地分类技术、基于深度学习的湿地类型自动提取技术、自适应集成学习算法的湿地精准分类技术，突破了物候—时相—水文等特征与光谱耦合算法，解决了湿地类型变化大、分类易混淆等突出问题。

（2）湿地植被精准监测技术。针对复杂水文动态干扰下的植被识别难度大等技术难点，创建融合时空谱特征的湿地植被精准识别技术、多角度信息的湿地植被生物量精准反演技术、湿地植被净初级生产力反演技术等，解决了植被空间异质性小，光谱易混淆、易饱和等突出问题。

（3）湿地资源评估分析与时空预测技术。针对自然与人为双重干扰下的资源时空预测的技术难点，改进了基于像元水平的数学形态学方法，创建了基于网格计算方法的景观指数模型，研发了湿地时空耦合预测模型，实现了湿地资源时空动态预测，突破了风险效应—光谱响应的自适应评估模型，解决了生态风险累积效应严重的精准评估问题。

（4）湿地资源监测管理系统。研发了基于"3S"技术的湿地资源监测与评价系统，实现了湿地数据库管理、统计、分析，遥感图像预处理、信息提取，湿地资源监测变化分析及湿地评价和湿地预测等功能，解决了现有系统存在处理能力弱、适用性差等突出问题，为湿地资源信息管理、快速监测、综合评价和预测模拟提供了统一系统平台。

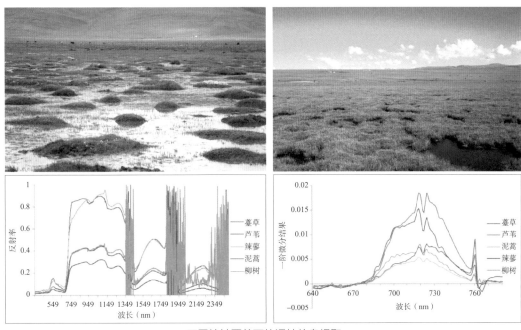

不同植被覆盖下的湿地信息提取

四　典型案例

利用成果系统，开展了 2000—2015 年中国湿地时空变化信息提取，分析了中国湿地时空变化驱动机制。研究结果表明，中国湿地变化集中在青藏高原、黄土高原、松辽平原和长江中下游地区。其中，人类活动和气候变化是中国湿地变化的主要原因，土壤和地形等其他因素也对湿地变化产生了间接的影响，为我国湿地资源监测和保护提供了基础数据支撑。

77 基于遥感反演的沙化草地生物量评价技术

一 技术特点

针对干旱半干旱区沙化草地植被结构简单、低矮稀疏、单位面积地上生物量非常低，传感器对稀疏植被的敏感性弱导致通用遥感模型的估算精度低，以及在提取植被信息过程中土壤背景信息对目标信号的"污染"使遥感模型的估算精度降低等问题，采用实地调查的生物量数据与相同时间段获得的遥感数据计算的修正的土壤调节植被指数（MSAVI）建立回归模型，对沙化草地植被生物量进行定量估算。

二 适用范围

该项技术在我国荒漠生态系统碳储量和荒漠化防治碳增汇潜力估算方面得到有效应用，其应用范围涵盖了毛乌素沙地、乌兰布和沙漠、库姆塔格沙漠和我国荒漠化土地分布区。

三 应用方法

（1）在野外采用样方法对沙化草地植被生物量进行调查。草本植物群落样方大小一般为 1m×1m，灌木植物群落样方大小一般为 5m×5m，乔木植物群落样方大小一般为 10m×10m。

（2）利用实地调查的生物量数据与采用相同时间段获得的遥感数据计算的植被指数建立回归方程。

（3）根据回归方程计算得到研究区沙化草地生物量分布图。

四 典型案例

采用该技术对我国荒漠生态系统植被碳储量进行了估算。

（1）数据处理。根据《1：1000000 中国植被图集》确定我国荒漠植被分布范围。2007—2020 年，在干旱区和极干旱区调查了 628 个地面植被样方。使用 MODIS-NDVI 遥感数据估算荒漠植被地上生物量，估算过程中使用的所有遥感数据的获取时间都与植被地面样方调查时间相匹配。

（2）模型构建与精度验证。干旱区内共有地面样方 311 个，将所有地面样方的中心点 GPS 坐标叠加于与地面样方调查时间相同的 MODIS-NDVI 影像上，并与 Landsat 遥感影像进行对照，发现有的地面样方所在像元内包含耕地、水体或城镇等土地覆盖类型，将这样的地面样方作为无效样方剔除，最终确定有效样方 259 个，从中随机选取 70%（n=181）的样方用于模型构建，其余 30%（n=78）的样方用于模型验证。采用相同方法在极干旱区 317 个样方中确定有效样方 226 个，其中 70%（n=158）的样方用于模型构建，其余 30%（n=68）将样方用于模型验证。

（3）荒漠植被生物量估算。根据干旱区土地覆盖类型图，掩膜去除其中的水体、作物、城市和建成区、冰雪等类型，提取植被覆盖区。利用对数模型 [y=274.17ln$x$+683.98，R^2=0.70（P<0.001）] 估算干旱区植被地上生物量，利用线性模型 [y=2825x-159.68，R^2=0.67（P<0.1）] 估算极干旱区植被地上生物量。

经估算，2020 年我国荒漠植被地上生物量约为 2.279 亿 t，其中干旱区约为 2.025 亿 t、极干旱区约为 0.254 亿 t。

草原保护修复

78 耐盐高产中苜系列苜蓿新品种的选育与应用技术

一 技术特点

针对黄淮海与华北地区盐碱地和中低产田缺乏耐盐高产紫花苜蓿品种问题，采用筛选耐盐且侧根发达的优株进行相互杂交，再经过多代的轮回及田间混合选择的方法，选育出紫花苜蓿新品种 3 个，构建了耐盐高产苜蓿高效育种技术体系。

（1）'中苜 1 号'是我国第一个耐盐紫花苜蓿新品种。该品种株型直立，株高 80~100cm，叶色深绿。主根明显，侧根较多，根系发达。耐盐性好，在黄淮海地区 0.3% 的盐碱地上比对照增产 10% 以上，年均干草产量 7500~13500kg/hm^2。耐旱，也耐瘠。适口性好，各种家畜喜食。

（2）'中苜 2 号'是我国第一个侧根型高产紫花苜蓿新品种。该品种无明显主根，侧根发达的植株占 30% 以上。株型直立，株高 80~110cm，分枝较多，叶色深绿，叶片较大。较耐质地湿重、地下水位较高的土壤。在黄淮海地区，年均干草产量 14000~16000kg/hm^2。耐寒及抗病虫较好，耐瘠性好。适口性好，各种家畜喜食。

（3）'中苜 3 号'是融合耐盐和高产性状的紫花苜蓿新品种。该品种根系发达，株型直立，株高 80~110cm，分枝较多，叶色深。返青早，再生速度快，较早熟。耐盐性好，在黄淮海地区含盐量为 0.18%~0.39% 的盐碱地上，比'中苜 1 号'增产 10% 以上，年均干草产量 15000kg/hm^2。适口性好，各种家畜喜食。

二 适用范围

中苜系列耐盐高产苜蓿品种适于黄淮海及华北地区轻度、中度盐碱及非盐碱地种植，也可在其他类似地区种植。目前，已在河北、山东、内蒙古等 11 个省份大面积推广应用。

三 应用方法

（1）整地。在播种前深耕翻 30~50cm，碎土耙平，镇压，为苜蓿播种、出苗、生长发育提供适宜的土壤环境，提高收获质量。

（2）根瘤接种。在大面积播种前按种菌比（5~10）：1 的比例，将根瘤菌与苜蓿种子混合均匀后播种。接种根瘤菌增产率达 30% 左右，增产效果可维持 2 年。

（3）播种。9 月中旬播种，小麦播种机或牧草播种机，条播，行距 15cm，播种量

30kg/hm²。采用"深开沟、浅覆土"的播种方式，开沟深度为3cm左右，覆土1cm左右。播后及时镇压，有利于土壤保墒，提高苜蓿出苗率。

（4）灌溉。平地蓄水淋盐，利用积蓄的雨水在苜蓿刈割后进行喷灌。

（5）施肥。底肥，结合整地施有机肥45~75m³/hm²或过磷酸钙1500kg/hm²。种肥，采用颗粒状的二铵做种肥，用量为种子重量的1~2倍，混合均匀后播种。追肥，结合灌溉，在每次刈割后少施尿素75~150kg/hm²；在秋季追施氯化钾等钾肥，施用量为150~225kg/hm²。

（6）防除杂草。播前可喷施土壤处理剂——氟乐灵，用量1500~2250mL/hm²，可防止大多数一年生禾本科杂草萌发。苜蓿苗期杂草株高在10cm以下时，可对叶面喷施茎叶处理剂——苜草净，用量为1500~2250mL/hm²，可防治大多数一年生禾本科杂草和部分阔叶杂草。

（7）收获。最佳收获期为现蕾初期至初花期。每年刈割4~5次，留茬高度控制在5~8cm，冬季前最后一次刈割留茬10cm以上为宜。刈割、压扁后的苜蓿，选择在早晨或傍晚，利用搂草机进行翻晒、集垄作业。当苜蓿晾晒至含水量16%~20%时，使用打捆机将其打成干方草捆，或在含水量45%~55%时，利用圆捆机打成圆捆，随后再用拉伸膜裹包机将草捆裹包4层以上，最终打成青贮包。

四　典型案例

在河北黄骅含盐量0.4%~0.5%的重度盐碱地，成功应用了'中苜3号'品种。在雨养旱作条件下，其干草产量可达15000kg/hm²。

'中苜3号'黄骅盐碱大面积示范田

'中苜3号'黄骅盐碱地机械化收获

79 北方退化草原改良及合理利用技术

一 技术特点

该技术通过创建退化草原快速改良技术，首次提出"豆小禾大"的草地补播技术，并研制了草原改良的关键配套机具，通过对不同退化程度的草地补播优质豆科或禾本科牧草，并配合后期合理的草地管理手段，显著提升了草地生产力及牧草品质。创建了生态友好型草畜平衡与高效利用技术体系，推动了我国草原畜牧业转型升级。

二 适用范围

该成果核心技术于 2014 年和 2019 年分别被农业农村部与国家林业和草原局列为主推技术，2019 年九三学社中央委员会又遴选本成果支撑北方 11 个省份的草原生态修复与生产力提升。按照草原生产潜力大小，将本成果应用于 10% 的退化典型草原和草甸草原的系统治理中，通过这种应用，每年可增加干草 2900 万 t，年收益 349.8 亿元，这不仅有助于实现草原区乡村振兴，推动全国山水林田湖草沙系统治理，也为服务国家三北防护林工程建设发挥积极作用。

三 应用方法

1. 退化草原快速修复技术

（1）中轻度退化草原切根改良技术。针对中轻度退化草原，草原土壤表层和亚表层坚实度 > 1.5MPa 时抑制牧草的自扩繁特性，应实施切根改良。在牧草返青期进行单向或双向网状切根，作业深度 100~220mm，切缝宽度 ≤ 15mm，翻垡率为 0，改良当年牧草增产 110%。

（2）中轻度退化草原"切根 + 施肥"的生产力快速提升技术。对于羊草占优势的中轻度退化草原，采用新型免耕补播机一次性完成切根—施肥—覆土作业，切根作业深度 100~220mm，切缝宽度 ≤ 15mm，翻垡率为 0，施用缓释氮肥或磷酸二铵等肥料，施肥量参考免耕补播技术的施肥量。

（3）重度退化草原的"切根—开沟—施肥—播种—覆土—镇压—铺平"复合作业一体化草原免耕补播技术。

2. 草原割草与放牧利用健康管理技术与模式

（1）保护性割草技术。在秋季割草时，草茬高度 ≥ 5cm，每隔 10~30m 预留 3m 条带不做打草利用，利用该条带的无性生殖或产生种子维持草地生产力和植物多样性，留草带和打草带在不同的年份进行轮换；留草带与冬季风向垂直，有利于积雪和增加春季墒情。

（2）荒漠草原、典型草原和草甸草原的适宜放牧率分别为 0.6~1.0 羊单位 /hm²、1.2~1.6 羊单位 /hm² 和 1.8~2.4 羊单位 /hm²。当放牧率为最大理论值的 60%~75% 时，单位面积可获得最大畜产品产量。

（3）季节性休牧技术。即在生长旺季，如 7 月 15 日至 8 月 15 日对草地进行休牧，其他季节正常放牧，促进草地修复维持草地生物多样性，休牧草地与未休牧草地在不同年际间可以进行轮换。

（4）放牧 + 补饲技术。根据家畜的营养需求，在放牧后进行补饲，如补饲家畜体重 1%~3% 的精料补充料，有助于家畜增重。

（5）限时放牧管理模式。每天放牧时间控制在 4 个小时内，减少家畜无效采食游走时间，有助于家畜增重，减少家畜践踏对草地的破坏，增加草地产量。

四　典型案例

本成果在内蒙古、甘肃、青海、新疆及东北等北方退化草地区域得到了广泛应用。在天然草地补播苜蓿后，收获的干草的粗蛋白含量提高 50.28%，且补播苜蓿在天然草地维持年限可达 7 年。此外，研发出了适用于天然草原补播豆科牧草的倒 "T" 形开沟器，使土壤水分损失同比减少 25%，同时减弱原生植物对补播物种的化感抑制作用，补播种苗建植成功率达 90% 以上，优质牧草比例增加 50%~70%，草原生产力提高 2~3 倍。

新型免耕补播机以及倒 "T" 形开沟技术

退化草原补播豆科牧场的效果

80 退化草地植被恢复与重建技术

一 技术特点

针对北方天然草原退化、沙化及生态持续恶化的突出问题，采用"植物多样性—草原生产力—土壤肥力—土壤微生物"联合修复工艺，创新集成退化、沙化草原生态修复技术体系，开发了退化草原生物多样性和生产力协同提升的养分管理技术、退化草原低扰动补播技术、沙化草原生态恢复技术、草畜平衡管理技术、割草地轮刈技术及已垦草原生态修复与重建等关键技术，为退化草原生态修复和草原可持续管理提供了理论依据、技术支撑和创新模式。

根据区域退化、沙化程度，配置不同的修复方案，构建退化、沙化草原生态修复技术体系。主要关键技术包括：

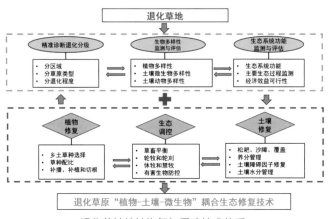

退化草地植被恢复与重建技术体系

（1）生物多样性和生产力协同提升的养分管理技术。根据不同的立地条件，破除土壤酸、碱、板结等障碍因子，制定退化草原土壤有机质提升、水肥协调精准的养分管理方案，实行退化草原植被和土壤一体化修复，实现生物多样性与生产力协同提升。

（2）退化草原低扰动补播技术。根据草原类型和退化程度，运用低扰动、控制土壤侵蚀和覆盖保护全程机械化措施，进行优质乡土植物及其科学配比组合补播。以根茎状或根茎疏丛状草类为主的草原，在雨季来临前的 6 月，用切根机进行切根处理，再用松耙疏松土壤，在此基础上补播杂花苜蓿、披碱草、羊草等优良乡土植物使群落快速恢复；以针茅为主的草原，免耕补播羊草、老芒麦、无芒雀麦、杂花苜蓿等多年生优良牧草。

（3）沙化草原生态恢复技术。根据草原类型和沙化程度，采用羊柴、柠条、冰草、披碱草等多年生植物条带状混播模式，并综合运用增加土壤有机质含量、先锋植物配置、水肥协同、覆盖保护等技术恢复沙化草原植被。

（4）草原可持续管理技术。监测评估草原生物多样性和主要生态系统功能，创新集成草畜平衡技术、放牧—舍饲家畜营养平衡技术、"五年五区"或"四年四区"割草场轮刈技术、饲草料加工储存技术，创建了不同退化、沙化草原类型和已垦草原等"植被—土壤—微生物"耦合生态修复技术模式。

二　适用范围

该项技术已在内蒙古、辽宁、甘肃等地退化、沙化草原生态修复和已垦草原生态重建中推广应用，适用于内蒙古以及东北、西北地区。

三　应用方法

（1）免耕补播。采用杂花苜蓿＋披碱草（老芒麦）＋无芒雀麦、杂花苜蓿＋披碱草（老芒麦）＋冰草＋羊草等多年生优良牧草混播组合，播种量分别为杂花苜蓿 $10.5kg/hm^2$、披碱草（老芒麦）$15kg/hm^2$、无芒雀麦 $15kg/hm^2$、羊草 $18.75kg/hm^2$、冰草 $11.25kg/hm^2$，行距 30cm，播种深度为 1~3cm。

（2）养分管理。诊断退化草原土壤养分状况，制定有机肥、无机肥配施方案。

（3）毒草治理。采用"生态调控＋化学防控"综合防控技术防除有毒植物。

（4）禁牧。管护期 3 年内禁牧。

（5）修复效果。退化草原修复后，植被盖度增加到 60% 以上，草原地上生物量 $2250kg/hm^2$ 以上，干草产量提高 50% 以上，经济效益、社会效益和生态效益明显。

四　典型案例

2021—2023 年，在内蒙古呼伦贝尔市鄂温克族自治旗，实施退化草原生态修复 35 万亩。

退化草原生态修复作业

生态修复后效果

81 高原天然草地保护及合理利用技术

一 技术特点

针对退化高寒草原的恢复技术极为缺乏，现有成果很难完全满足高寒草原的生态保护需求。该技术确定了不同利用方式对草地资源和生态功能的影响，提出了天然草地保护与合理利用技术措施；形成了不同退化程度高寒草原的围栏封育、围栏封育＋补播＋施肥、人工草地建植和管护等技术措施；构建了高寒草原次生裸地的灌草结合恢复模式；快速遏制了青藏高原退化高寒草原的蔓延的趋势，实现了退化高寒草原植被盖度的迅速提升和初级生产力快速提高。

（1）将高寒草原作为一个整体生态功能区，系统开展天然草地、退化草地、退耕地以及次生裸地的植被保护恢复及合理利用技术集成与试验示范，建立植被保护恢复综合配套技术和规范。

（2）高原草原退化生态恢复与草地群落恢复力及稳定性紧密结合，依据不同退化程度特征，建立分类治理技术体系。

（3）根据高原草原区退耕地植被自然恢复规律，选用适宜的乡土优良牧草品种进行植被恢复。

（4）根据高寒草原区植被特点，建立草原次生裸地免浇灌灌木或灌草植被恢复途径、配套技术和模式。

二 适用范围

该项技术适用于青藏高原及其毗邻的高寒退化草地的生态修复，已在多个重大生态工程，如三江源生态治理工程、青海湖流域生态环境保护与综合治理工程和青藏电力联网工程的生态修复项目中推广应用。

三 应用方法

（1）天然草地保护及合理利用技术。建立了天然高寒草原的绵羊精准管理技术体系和整体生态功能区植被合理放牧利用技术规范。

（2）退化草地生态修复技术。建立不同退化程度草地的调控途径，轻度退化采取围栏封育，中度退化采取围栏封育、围栏封育＋施肥，重度退化采取围栏封育＋补播、围栏封育＋施肥、围栏封育＋人工草地建植等模式。

（3）高寒退耕地植被恢复技术。依据退耕地植被演替规律，选用适宜的乡土品种，确定了不同品种适宜播种时间、混播物种搭配模式及物种比例、播种方法等。

（4）草原次生裸地植被恢复技术。针对不同地表状况，采用沙棘等灌木和垂穗披碱草等乡土植物，分别采取沟垄移植灌木、灌草结合和坑式移植的方法。

四 典型案例

具体应用在青海省刚察县伊克乌兰乡、沙柳河镇、黄玉农场和三角城种羊场。

伊克乌兰乡中度退化草地围栏封育 + 施肥样地　黄玉农场退耕还林地林间空地人工草地建植样地

三角城种羊场铁路取土场灌草结合人工植被样地

82 高寒地区退化草原综合治理技术

一 技术特点

从技术和管理着手，探索出实现退化草原综合治理的新模式和新路径，为青海高寒牧区草地退化综合治理提供一整套理论依据、技术体系和制度体系，实现草原生态良性循环、资源持续利用及人与自然和谐发展的目标。该技术可复制性强、技术成熟度高，适应范围广、应用前景广阔。

1. 技术集成

（1）集成黑土滩综合治理 + 围栏封育 + 草原有害生物防控 + 管理和持续利用的技术模式。

关键技术：主要对围栏封育、补播改良等单项技术进行改进、优化和集成，最佳封育禁牧期限为 5 年。

技术流程：地块选择→灭鼠→重耙（耕翻）→机械混播（施肥）→轻耙覆土→镇压→围栏封育。

草种搭配：垂穗披碱草 : 青海中华羊茅 : 冷地早熟禾 =2 : 0.3 : 0.3。

草原鼠害防控：采用生物药剂 + 生物防控 + 生态防控等技术措施。

（2）集成围栏补播 + 舍饲棚圈 + 贮草棚 + 人工饲草地 + 高效养畜的技术模式。

关键技术：主要是对人工饲草地建植、加工技术和畜棚的材料、结构进行技术改进和集成，同时创新生产利用方式。

技术流程：地面处理→圆盘耙耕翻 + 耙糖整平 + 播种 + 轻耙覆土 + 镇压→追肥→适时收割。

草种搭配：垂穗披碱草 30kg/hm^2。

2. 生产模式转变

（1）传统游牧向生态畜牧业经营模式转变。通过人工饲草基地与舍饲棚圈建设项目，在饲草料配比、时间、空间布局等集成配套，畜牧业生产方式由传统的游牧向生态畜牧业经营转变，减轻天然草地放牧压力。

（2）剩余劳动力向二、三产业转移。通过转移剩余劳动力，发展生态畜牧业合作社，转向畜产品加工、旅游服务等行业，实现二、三产业转移发展。

二 适用范围

（1）已应用区域。该项技术在青海省已实施的退牧还草、三江源生态保护和建设、青海湖流域生态环境保护与综合治理、祁连山生态环境保护和综合治理实施区域得到推广应用，涉及青海省 6 州 2 市 42 县（市、行委）362 乡镇，治理青海高寒牧区退化草地 670 万 hm²。

（2）预期应用区域。

①集成黑土滩综合治理 + 围栏封育 + 草原有害生物防控 + 管理和持续利用的技术模式，适宜在草地退化严重、经济发展水平落后地区重点推广。

②集成围栏补播 + 舍饲棚圈 + 贮草棚 + 人工饲草地 + 高效养畜的技术模式，适宜在草地退化中轻度、经济发展水平欠发达地区重点推广。

三 应用方法

（1）作业地块选择。在治理前选择黑土滩相对集中连片、立地条件相对较好、地形平缓、土层厚度 15cm 以上及原生植被盖度 20% 以下的退化草地进行作业。

（2）草原鼠害防控。选择治理前已完成鼠害防控的退化草地。

泽库县宁秀镇黑土滩退化草地（治理前）

（3）牧草种子选择。选择适宜当地生长的多年生禾本科牧草品种，以垂穗披碱草、青海中华草茅、冷地草熟禾作为混播组合，搭配比例为 2∶0.3∶0.3，种子质量要求达到国家规定的三级标准以上。

（4）免耕机械作业。首先进行地面处理，使用 19 行以上分层免耕播种机进行播种，配套动力 95 马力以上机械，一次性完成开沟（划破草皮）、播种、施肥、覆土、镇压作业。

泽库县宁秀镇黑土滩退化草地（治理后）

（5）管护与利用。草地建植后，采取围栏封育措施进行保护，播种当年禁牧，第二年后牧草生长期禁牧，冬季适度利用。同时，进行草原鼠害的监测和控制。

四 典型案例

2021 年，在青海省泽库县宁秀镇、王家乡和麦秀镇等地成功应用了集成黑土滩综合治理 + 围栏封育 + 草原有害生物防控 + 管理和持续利用的技术模式，治理黑土滩退化草地面积 2000hm²。

83 三江源区沙生草种大颖草繁殖技术

一 技术特点

该技术围绕驯化出的沙生草种大颖草，开展了大颖草原种、良种繁育技术研究，建立种子繁育田。在果洛州、铁卜加及同德 3 地开展栽培技术研究以期获得人工栽培最佳组合模式；对大颖草抗逆性及品比试验研究，在青海省沙地及非沙地建立示范田，研究在不同生境中的大田生长适应性，为青海省人工种草治理沙化草地提供一个新的优良牧草品种，具有重要的推广实用价值。

（1）培育出适宜沙生环境生长的生态草种。大颖草是采集当地野生品种通过驯化培育出的沙生草种，在沙化草地种植具有适应性强、耐寒、耐旱的优点。经过不断的驯化选育，于 2022 年被全国草品种审定委员会审定登记为野生栽培品种。

（2）全面研究了大颖草良种繁育和栽培技术。在青海省牧草良种繁殖场对大颖草良种繁育技术进行深入研究，得出播量 22.5kg/hm^2+ 磷酸二铵 225kg/hm^2 处理组合种子产量为最高，种子产量达到 73kg/ 亩；在铁卜加、同德、果洛州 3 地对大颖草栽培技术进行了研究，研究得出：播量行距试验（播量 35kg/hm^2+ 行距 22.5cm）处理组合种子产量最佳、（播量 30kg+ 行距 30cm）处理组合干草产量最佳；施肥试验结果显示，尿素对大颖草产量的影响大于磷酸二铵的影响，在同德试验点与铁卜加试验点中，最佳种子处理组合为尿素 52.5kg/hm^2+ 磷酸二铵 187.5kg/hm^2，最佳干草处理组合为尿素 75kg/hm^2+ 磷酸二铵 150kg/hm^2；在果洛州试验点种子最佳处理组合为尿素 97.5kg/hm^2+ 磷酸二铵 187.5kg/hm^2，干草最佳处理组合为尿素 120kg/hm^2+ 磷酸二铵 150kg/hm^2；播期播量试验，播量为 22.5kg/hm^2+ 播期 6 月 17 日组合种子产量最高，在最适播期之后（6 月 17 日），推迟播期需要加大播量才能达到较高的产量。

（3）全面研究了大颖草的适应性。在三江源区的玛沁县大武镇、玛多县花石峡镇、青海省牧草良种繁殖场、贵南县黄沙头、共和铁卜加草改站、湖东种羊场等 6 地成功建植了 1200 亩大颖草区域生产示范田。特别是在贵南县黄沙头、湖东种羊场、玛多县花石峡镇 3 地沙化草地各建植大颖草区域生产示范田 200 亩，种植当年大颖草长势良好，翌年返青率达 80% 以上，大颖草在多点不同沙地环境中表现出出苗率高、覆盖率好、齐整性佳和适应性广等优良特性，必将成为今后三江源区沙化草地治理乃至青藏高原地区沙化草地治理的理想草种。

二 适用范围

青南大颖草适应性强，在青海省海拔 2200~4200m 的地区均能生长良好，抗旱性佳，根系发达，抗逆性强；在 pH 值 8.3 的土壤上生长发育良好，对土壤选择不严；耐寒，在 −36℃低温能安全越冬，生长良好，特别是在土壤疏松的沙地环境中，适应性较强。在内蒙古、四川、甘肃等地一致表现出产量高、稳定性好等特点。

三 应用方法

（1）整地。采用重耙翻耕 15~20cm。

（2）底肥。施氮肥 15kg。

（3）播种时间。在 6 月中旬播种。

（4）播种方式。采用将草种与少量肥料混合后机械撒播的方式。

（5）耙糖镇压。播种完成后，进行机械耙糖，耙糖不少于 2 次，将种子和肥料全部覆盖。

（6）镇压。采用滚轮进行机械镇压，确保种子、肥料及沙土结合紧密，减少水分蒸发。

四 典型案例

2017 年，在海南藏族自治州（简称海南州）共和县湖东种羊场成功示范推广沙化草原治理 200 亩。

海南州共和县湖东羊场（2018 年 8 月）

果洛州玛多县花石峡镇次年出苗情况（2018 年 9 月）

海南州共和县湖东羊场（2017 年 7 月）

果洛州玛多县花石峡镇次年出苗情况（2019 年 9 月）

84 高寒退化草地定量评价及分类分级恢复技术

一 技术特点

针对青藏高原高寒草地生态系统结构失调、功能衰退、稳定性减弱、恢复力下降等严峻问题，该技术通过建立"活力—组织力—恢复力"三维健康评价模型，对草地的健康状态进行可视化诊断和定量评价，制定高寒退化草地的分类分级标准，对不同类型不同退化程度的草地进行分类分级恢复，实现退化草地生产—生态功能的恢复和提升。该技术将高寒退化草地分为高寒草甸和高寒草原两类进行定量评价和分级恢复。

二 适用范围

该项技术适用于青藏高原不同类型和不同阶段高寒退化草地的恢复，可应用于青藏高原各生态功能区的生态保护和建设工程，尤其适用于海拔 3000~4500m、土层厚度在15cm 以上、坡度小于 25° 的高寒退化草地的恢复。

三 应用方法

（1）退化高寒草甸。以原生植被盖度、可食牧草比例、退化指示种增加比例、草土比和 0~10cm 土壤有机质含量为评价指标，将退化高寒草甸分为轻度退化、中度退化、重度退化和极度退化 4 个等级。轻度退化高寒草甸采用以鼠害和毒杂草防控为主的仿自然恢复模式；中度退化高寒草甸采用以封育禁牧、施肥、鼠害和毒杂草防治为主的近自然恢复模式；重度退化高寒草甸采用以补播为主的半自然半人工恢复模式；极度退化高寒草甸（黑土滩）采用以乡土草种建植人工草地为主的人工恢复模式。

（2）退化高寒草原。以物种优势度、可食牧草生物量比例、禾本科植物盖度、有机质含量为评价指标，将退化高寒草原分为轻度退化、中度退化和重度退化 3 个等级。轻度退化高寒草原采用以鼠害和毒杂草防治、封育禁牧和施肥为主的仿自然恢复模式；中度退化高寒草原采用以封育禁牧、补播、施肥、毒杂草和鼠害防治的近自然恢复模式；重度退化高寒草原采用以封育禁牧和鼠害防治，降低人类和动物干扰的长期半自然恢复模式。

2006—2016 年，该技术在以下几方面得到应用：①一种高寒牧区中度退化草地的补播组合材料及其应用。②一种高寒牧区极度退化草地的改建材料及其应用。③高寒草地退化定量评价及分类恢复技术集成与示范。④脆弱生态系统分类恢复及可持续管理技术集成与示范等技术。

四 典型案例

该成果指导推广完成三江源区退化高寒草地综合治理面积 657.08 万亩［其中玉树藏族自治州（简称玉树州）316.01 万亩、果洛州 198.40 万亩、海南州 68.77 万亩、黄南藏族自治州（简称黄南州）73.90 万亩］，青海湖流域退化高寒草地综合治理面积 273.39 万亩（其中沙化退化草地治理 137.25 万亩、黑土滩治理 136.65 万亩），祁连山流域退化高寒草地综合治理面积 572.0 万亩（其中沙化退化草地治理 110.0 万亩、黑土滩治理 102.0 万亩、退化草地补播 360.0 万亩），治理后的草地植被盖度达 70% 以上，取得了良好的生态、经济和社会效益。此外，指导推广完成退耕还草及饲草料基地建设面积 4568.51 万亩，其中玉树州 1950.41 万亩、果洛州 1323.03 万亩、海南州 478.57 万亩、黄南州 524.50 万亩、海北州 292.00 万亩，建设后的草地植被盖度达 70% 以上，平均新增牧草 200kg/亩，取得了良好的生态、经济和社会效益。

贵南县退化草地生态修复整体效果

85 盐碱化草地植被重建与利用技术

一 技术特点

该技术针对内陆盐碱化草地植被难以修复的问题，以改善生态环境和发挥经济效益为原则，开展了"土—草—畜"一体化的盐碱化草地植被重建与利用技术推广和示范，筛选出适合不同程度盐碱化草地耐盐碱植物 15 种，形成植被恢复与重建模式 4 种，解决了盐碱化草地植被重建饲草生长和生产、盐碱化草地割草和放牧利用等关键技术。

（1）不同程度盐碱化草地耐盐碱植物的筛选。通过对 15 种草地植物的实验室生理生化耐盐碱性鉴定评价，筛选出披碱草、碱茅、碱地风毛菊、草地风毛菊、碱蒿、华蒲公英、芨芨草耐盐碱性较强草地植物，成功解决了不同程度盐碱化草地植被重建的草种选择。

（2）醋糟改良盐碱化草地的植被重建模式。利用醋糟改良盐碱化草地极具地方特色，可形成醋糟改良土壤 + 耐盐碱牧草重建盐碱草地的模式。醋糟呈酸性，能和土壤中的碱性离子充分发生中和反应；有机质含量较高，可以提高土壤的肥力；其含水率和孔隙度非常高，土壤结构疏松、多孔，具有良好的吸附性，掺入碱斑土中能够降低土壤黏度和 pH 值、土壤容重，增加土壤孔隙度和通气透水能力，可作为土壤改良剂用以盐碱化草地的改良。

（3）针对不同程度盐碱化草地植被重建模式研究。通过一系列研究，筛选出重度盐碱化草地植被重建模式是"有机肥 + 磷肥 + 混播牧草建立人工草地"，中度盐碱化草地植被重建模式是"有机肥 + 混播牧草建立人工草地或者醋糟（糠醛渣）+ 混播建立人工草地"，轻度盐碱化草地植被重建模式是"有机肥 + 补播牧草建立半人工草地或者醋糟（糠醛渣）+ 混播建立人工草地"，因地制宜地解决了内陆地区盐碱化草地植被重建所采取的建植模式，同时形成了盐碱化草地植被重建的技术体系。

（4）形成"土—草—畜"为一体的盐碱化草地植被重建、生产与利用的模式，为盐碱地区畜牧生产者科学利用耐盐碱饲草和充分利用耐盐碱饲草良好的社会经济效益提供理论依据和技术指导。

二 适用范围

该项技术已应用于京津风沙源治理项目、国家草原奖补项目等盐碱化草原生态修复重点工程，可在华北、西北内陆盐碱化草地及其类似地区进行推广示范。

三 应用方法

醋糟改良盐碱化草地采用如下方法：

（1）根据盐碱化程度，将醋糟及有机肥施撒于地表，具体施入量如下：

①轻度盐碱化草地施撒 $45m^3/hm^2$ 醋糟。

②中度盐碱化草地施撒 $45m^3/hm^2$ 醋糟，$45m^3/hm^2$ 有机肥 +225kg/hm² 磷肥。

③重度盐碱化草地上施加 $45m^3/hm^2$ 醋糟，有机肥和磷肥 $75m^3/hm^2$+300kg/hm²。

（2）将醋糟及有机肥等全部翻耕于盐碱土中，翻耕深度为 15~20cm。

（3）翻耕处理 7~10 天后根据土壤墒情种植耐盐碱牧草。

（4）可选择播种碱茅、羊草、赖草、披碱草、沙打旺、'中苜一号'紫花苜蓿、黄花草木樨、长穗薄冰草等草种。

四 典型案例

该成果已应用于山西雁门关区北方农牧交错带核心区。

醋糟改良盐碱化草地　　　　　　盐碱化草地植被重建有机肥＋磷肥改良试验区

86 北方草地退化与恢复机制及其健康评价技术

一 技术特点

该技术系统阐明了草地退化与恢复机制，证明适度利用是维持草地健康的关键所在，提出系统耦合建立完整的草地农业系统是实现草地资源可持续利用的根本途径。该技术已在不同生态区建立示范样板 4660hm²，成效显著，并且得到以蒋有绪院士为组长的项目鉴定委员会的高度评价，被认为整体达到国际同类研究的先进水平，其中关于 CVOR 的评价方法处于国际领先水平。

（1）建立 CVOR 的草地健康评价综合指数、测算模型和一系列辅助指标，已用于我国不同草地类型及退化草地恢复效果的健康评价。

（2）研究提出我国北方主要草地类型在不同退化阶段的适宜休牧年限、合理利用与改良的技术体系、退耕还草的技术规范，为国家实施西部大开发、退耕还草、天然草原保护等重大战略和工程提供了决策依据。

（3）建立了适宜半农半牧区、传统农耕区和牧区，以系统耦合为特征的可持续发展模式。

二 适用范围

该项技术提出的我国北方主要草地类型不同退化阶段的适宜休牧年限、合理利用与改良的技术体系、退耕还草的技术规范，以及建立的适宜半农半牧区、传统农耕区和牧区，以系统耦合为特征的可持续发展模式，在退化草地治理与生态修复等领域具有广阔的应用前景。多年来，该技术持续在我国甘肃、内蒙古、青海和新疆等地开展推广应用。2013—2017 年，累计治理退化草地面积 1500 万 hm²，新增产值约 30.8 亿元。

三 应用方法

（1）围栏封育。对轻度退化的各类草地进行围栏封育。在典型草原区，封育年限为 3~4 年，在高山草原区，封育年限为 2~3 年，一般不超过 5 年。

（2）划破 + 补播。对中度和重度退化的草地，进行"划破 + 补播"。划破草皮的密度不超过草地面积的 50%，划破深度 5~10cm，划破方向应与等高线平行。补播牧草应是当地优良的乡土草种，播种深度应控制在 2~3cm，补播量不超过建植同种单播牧草地播量的 50%。待草地处理 2~3 年后，开始放牧利用。

(3) 适度放牧利用。放牧强度依草地状况而定，在典型草原区，一般为 2~4 个羊单位 /（年·hm²）；在高山草原区，一般为 2 个羊单位 /（年·hm²）。

（4）建立栽培草地。在牧区，利用撂荒地建立栽培草地，种植面积应逐步达到当地天然草原面积的 10% 左右。在农区和半农半牧区，应利用边际土地和草田轮作，种植饲草作物。可种植一年生或越年生饲草，如燕麦、箭筈豌豆、草木樨等，也可种植紫花苜蓿、红豆草、老芒麦、披碱草等。主要目的是收获干草，用于家畜的冬春补饲，以减少对天然草原的压力。

（5）草地健康评价。采用 CVOR 技术体系，每年对草地健康状况进行评价，而后采取针对性的措施，保持草地健康。

四 典型案例

在黄土高原典型草原区和类似的北方草原牧区，成功应用了 CVOR 的草地健康评价综合指数测算模型，明确适宜的技术应用区，采用封育、休牧、封育 + 补播等技术措施，提高了植被盖度和草地生产力。

87 三江源区不同坡度退化高寒草地恢复与保护技术

一 技术特点

该技术重点对已有技术进行集成配套和熟化提炼，集成了退化高寒山坡草地恢复治理新技术、新方法，并进行了不同治理技术模式效益及区域适应性评价。集成了牧草结实期和返青期休牧、养分添加、大播量播种、无纺布铺设等多项技术，构建了陡坡和缓坡退化草地的修复技术模式，有效促进了退化坡地的恢复，植被盖度增加了 52%，地上生物量、土壤有机质和物种多样性指数分别增加了 293%、26% 和 122%。

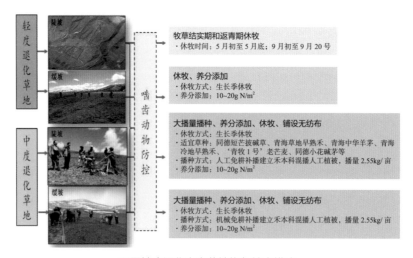

不同坡度退化高寒草地恢复技术模式

二 适用范围

该项技术已应用于青海三江源区退化山坡草地的修复治理，在果洛州大武镇已建立标准化示范区 3000 亩；并应用于祁连山区生态环境保护与综合治理等重点生态建设项目，已推广至西藏、甘南和川西北等区域。

三 应用方法

（1）啮齿动物防控。采用洞口投饵法，每亩需 D 型肉毒杀鼠素 0.1mL、饵料燕麦 0.1kg，要求投放饵料位置离有效洞口 7~10cm 处，每洞投放毒饵 10~15 粒，投洞率 90% 以上。

（2）免耕播种。采用免耕播种机［动力 75 马力（1 马力 = 0.735kW）以上］进行播种，一次性完成破茬、开沟、播种、施肥、覆土、镇压作业。

（3）草种选择。选用的牧草品种为同德短芒披碱草、'青牧 1 号'老芒麦、青海草地早熟禾、青海中华羊茅、青海冷地早熟禾等。

（4）播量。总播种量 3.00kg/ 亩。其中，同德短芒披碱草或同德无芒披碱草 1.50kg/亩、'青牧 1 号'老芒麦 1.00kg/ 亩、中华羊茅 0.25kg/ 亩、冷地早熟禾 0.25kg/ 亩。

（5）播种深度。大粒牧草种子短芒披碱草种植深度在 2~3cm、小粒牧草种子青海中华羊茅和青海冷地早熟禾种植深度在 0.5~1cm，必须保证大、小粒牧草种子合理覆土深度。行距依据播种机幅宽确定。

（6）播种时期。最适播种期在 5 月中旬至 6 月中旬。

（7）施肥量。播种时磷酸二铵施用量 8kg/ 亩、尿素 10kg/ 亩。

（8）管理与利用。人工草地建植后第 1 年生长期至封冻期和第 2 年的返青期绝对禁牧。放牧利用期间，秋季利用率不高于 70%，草层高度控制在 5cm 以上；冬季利用率 90% 以下，牛羊踩踏不能破坏根系为好。

四 典型案例

在青海省果洛藏族自治州大武镇中度退化陡坡（坡度 7°~25°）草地采用"啮齿动物防控 + 免耕播种 + 施肥 + 休牧"技术进行应用。

中度退化缓坡草地免耕播种措施　　　　　中度退化缓坡草地恢复治理效果

88 　青藏高原高寒草地生态保护与恢复技术

一　技术特点

该技术针对青藏高原草地严重退化的问题，构建了退化草地的评价体系、恢复技术及管理措施，对遏制该地区草地生态环境的持续恶化意义重大，不仅能够有效恢复退化草地的生态系统，还能改善草地的生态功能和生产水平，对于维护青藏高原及中下游地区的生态安全具有极其重要的实际作用和战略意义。

在此基础上，形成了"黑土滩"型极度退化草地的人工草地建植恢复技术，使草地经济效益提高 2~3 倍，生态效益显著；研发了土壤营养库和植被繁殖库的活化技术，促进了重度退化草地的快速、有效恢复；构建了轻度和中度退化草地围栏封育等多元化恢复技术体系，使草地经济效益提高 40%~50%，生态效益显著。

二　适用范围

该项技术可在青海、西藏、甘肃、四川、云南、新疆、内蒙古等省份退化高寒草地生态恢复治理区及其类似地区进行推广示范。目前，该成果已应用于国家级工程，如青海、西藏、四川等省份退牧还草工程、三江源生态保护和建设工程、藏北地区生态治理工程、祁连山生态保护、青海湖流域生态环境保护与综合治理等重点生态建设项目。

利用人工草地建植恢复技术建立示范区

三 应用方法

（1）草地健康诊断。以活力 V（包括地上生物量、土壤有机质、土壤容重）、组织 O（包括生物多样性、优势种比例）、恢复力 R（包括盖度、草地承载力）作为草地健康评价指标，用公式 $HI=\sqrt{(V^2+O^2+R^2)}$ 计算健康指数（HI）。当 $0 \leq HI < 0.60$ 时，草地处于不健康的状态；当 $0.60 \leq HI < 0.95$ 时，草地处于中等健康的状态；当 $0.90 \leq HI \leq 1.70$ 时，草地处于健康的状态。

（2）极度退化草地（"黑土滩"）人工重建恢复技术。将多年生禾本科牧草（垂穗披碱草、多叶老芒麦、草地早熟禾、冷地早熟禾等）按照 1:1:1:1 的比例混合，用大小粒种子按不同播深条播或交叉播种，建植第一年撒施有机肥，建植第二年以后秋季进行割草、冬季可以放牧。

（3）中重度退化草地免耕补播恢复技术。在春季牧草返青期用免耕补播机播种乡土草种，并同时散播一定量的有机肥或微生物肥料，补播后禁牧 3~5 年，促进植被和土壤恢复。

（4）轻度退化草地围栏封育恢复技术。用围栏将草地围封起来，禁止家畜和人类干扰，围封 3~5 年待草地植被和土壤恢复后再进行放牧利用。

（5）建立以牧户为基本生产单元的草地适应性管理体制。发挥牧民传统知识和社区组织的基础作用，结合各类草地生态建设项目工程的科学实施，形成草地生态恢复的自然生态—社会经济耦合体系。

四 典型案例

该技术在青海省环青海湖地区推广示范过程中，成功完成高海拔冻土区退化草地分级分类恢复技术案例 1~2 个。通过技术的实施，中度和重度退化草地植被覆盖度提高 5%~10%，建立了退化高寒草地生态恢复示范工程 1 个，示范面积 1500 亩；完成高海拔冻土区退化草地诊断评价案例 1~2 个，示范面积 1500 亩。

89 退化草原生态修复技术体系及修复模式

一 技术特点

针对草原自然生态本底脆弱、存在不同程度退化，开展退化草原生态修复技术体系及修复模式研究，创建了乡土草种收集评价、新品种选育、快繁与规模化应用技术体系；研发了生态修复"种子包"配比、快速固沙等技术 5 项；形成不同退化类型草原生态修复集成技术体系；构建了基于生态大数据下的分区分类修复技术模式 23 项；制定了《退化草地修复技术规范》国家标准 1 项、行业标准 1 项、地方标准 5 项；授权发明专利 8 件。

（1）创建了乡土草种种质收集评价、新品种选育、扩繁技术和规模化应用的生态修复一体化产业体系。收集保存具有完整地理信息的乡土植物种质资源 1603 种 2.29 万份、植物标本 3269 种 11.9 万份、种质资源采集地不同土层土壤样品 39 万份，建立了"内蒙古北方植物种质资源保护与利用中心"乡土草种资源库；评价筛选生态修复用乡土草种 223 个；创制新种质 10 个，克隆抗旱和耐盐基因 4 个；通过国家审定新品种 2 个和自治区审定新品种 5 个，获得国家新品种权 4 个，建立了种子扩繁基地和工厂化快速育苗体系，为规模化生态修复提供适用草种。

（2）成功研发出了 5 项草原生态修复核心技术，包括沙化草地草帘覆盖以提高成活率和越冬率的技术、盐渍化草地控盐保水与草种配置综合改良技术、退化草地精准施肥和物种多样性调控技术、荒漠草原补播补植综合配套技术以及模拟天然植被配比"生态包"技术。同时，创建了 3 套针对不同退化类型草原生态修复集成技术体系。通过对这些集成技术体系的应用，实现了退化草原植被快速修复、群落结构优化、生态系统稳定性提升的目标。

（3）建立了集"水、土、气、生"资源数据及"天—空—地"监测手段一体的数据平台，探索了大数据背景下草原生态修复技术模式的智能化服务；创新了分区分类的退化草原生态修复技术模式 23 项，规范了生态修复技术参数与作业流程，实现了退化草原生态修复效率和效益的有机结合。

二 适用范围

该项技术可在北方干旱半干旱地区及其类似地区进行推广示范。目前，已在内蒙古锡林郭勒盟、巴彦淖尔市、通辽市、呼伦贝尔市、阿拉善盟等多个旗县应用。直接修复面积 447.48 万亩，辐射推广近千万亩。

三　应用方法

（1）土地整理。最大限度保持原有地形地貌和原生植被，局部进行平整和微地形改造。在土层较厚区域使用旋耕机，深度 15~20cm；土层薄且露石块区域先清理较大石块，使用圆盘耙进行松土。

（2）灌溉系统建设。降水量 350mm 以上区域，选择雨季播种，无需建立灌溉系统；降水量 350mm 以下区域，采用节水灌溉系统。

（3）植物筛选配置。混播植物以禾本科（羊草、冰草、披碱草等）为主，搭配豆科（沙打旺、苜蓿、草木樨等）和一些其他科属植物（如黄芩、山葱等），同时搭配一些草原观赏花卉（如二色补血草、石竹、鸢尾、野罂粟等）。

（4）混合生态包研制。将混合的种子和土壤、牛羊粪肥混合，形成适合于该区域草原生态修复的生态包。

（5）补播。播种在雨季前进行。在有少量植被且较平坦区域采用免耕播种机进行播种，种子埋深 1~2cm；对于地形较凸凹不平，且有一定土层的区域，播种前用钉齿耙耙地，耙深 4~6cm，用手摇播种机或人工撒播，播种完成后用钉齿耙背面耱平，掩埋种子，圆辊镇压。

（6）补植。在低洼地、盐碱区域种植耐水湿植物，如马莲、芨芨草等；在凸出的地方选择种植耐干旱的草本和灌木，在石砾质区域种植耐旱的灌木植物，如蒙古莸、蒙古扁桃等。

（7）构建稳定的生态系统。逐步完善各生物链组成部分，建成有利于动物、昆虫栖息的场所，提供饮水和食物，吸引昆虫、鸟类等栖息。加强生态修复后的管护。

四　典型案例

退化草原生态修复技术成功应用于敕勒川受损草原修复中，修复面积约 30000 亩。

敕勒川草原生态修复前（2012 年 5 月）　　敕勒川草原生态修复后（2021 年 8 月）

90 半干旱天然打草场生态修复技术

一 技术特点

针对半干旱牧区退化天然打草场植被和土壤退化问题，研究了不同退化程度天然打草场植被和土壤生态修复技术，解决了草原生态恢复、生产发展的重要技术瓶颈。通过研究示范达到提产增效，改善牧草品质，促进土壤通气性和透水性，改善草地土壤板结状况，提高土壤肥力的效果，有效提高了草原综合生产能力。

二 适用范围

该项技术适合我国内蒙古天然打草场集中分布的呼伦贝尔草原区、科尔沁沙化草原区、锡林郭勒草原区的退化根茎禾草草地天然打草场植被改良、土壤通气性改良和施肥关键生态修复技术。

三 应用方法

（1）适用地段。轻—中度退化天然打草场。

（2）机械选择。打孔宜使用专用的土壤打孔机械设备。打孔零部件发动机性能须满足 JB/T 5135.3—2013 的要求，打孔头采用高强度钢制成，或使用草原改良疏松施肥一体机。

（3）作业时间。土层解冻 10~15cm 且墒情较好或雨前进行，一般选择在 5 月下旬至 6 月下旬。

（4）作业方法。打孔深度 10~15cm、孔径 3~5cm、孔距或幅宽 5~7cm，打孔机要匀速直线沿等高线的方向行驶，前进速度要符合机具性能要求，行进速度保持在 5~8km/ 小时。打孔与草地施肥改良措施宜同时进行。采用先施用土壤调理剂（颗粒有机肥 / 生物有机肥，其中有机质含量达 20%~40%）45~60kg/ 亩或农家肥 / 粉剂有机肥（有机质达 30%）100~200kg/ 亩，可适当配施尿素 10~15kg/ 亩，疏松 2~3 遍为最佳。

（5）改良周期。3~5 年。

四 典型案例

在呼伦贝尔大面积示范，通过修复治理技术示范，草地植被、土壤特征得到明显改善，天然草原产草量增加 2.5~3 倍，优良牧草比例提高 5~10 倍，退化草原低扰动近自然修复技术通过克隆繁殖显著提高羊草数量 66%~85%，增加土壤含水量 5%~15%，通过土壤疏松增加土壤含水量 12%~20%，降低土壤容重 3%~9%，土壤线虫和土壤动物数量明显提升。

2020 年呼伦贝尔退化割草地疏松 + 施肥生态修复示范

91 草原植被遥感监测关键技术

一 技术特点

针对草原植被监测中存在的大面积复杂条件监测难、高精度监测难、草原植被监测系统技术集成难等问题，创建了草原植被产草量、长势和返青等关键参数遥感监测方法，实现了对全国草原植被产草量和长势的快速、准确监测；构建了草原沙化、植被覆盖度遥感监测的新方法，实现了对我国主要草原省份草原沙化、退化的快速监测；创建了草原植被遥感动态监测管理体系，实现了草原动态信息的数字化高效管理，并制定了草原植被遥感监测的行业和地方标准，保障了监测的高质量、高效率和低成本。

（1）提出了分区域分类型的全国草原产草量遥感监测技术，建立了时空高精度匹配样本数据集，模型总体精度达 80% 以上，典型区域精度达 90% 以上，自主研发出"中国草原产草量遥感监测系统"。

（2）根据草地类型复杂多样的特点，提出了阈值限定的长势等级判定准则，创建了草原植被长势普适性模型，准确率达 90% 以上，自主研发了"中国草原植被长势遥感监测系统"，可实现草原植被长势生长季旬度动态监测。

（3）基于动态阈值法，提出了基于像元尺度的返青遥感阈值参数和判定准则，建立了草原植被返青遥感监测技术方法，局部地区监测精度达 90% 以上，自主研发了"中国草原植被返青遥感监测系统"。

（4）建立基于裸沙面积比的混合像元分解方法，在遥感影像上可自动识别和计算草原沙化信息，由目视遥感解译向自动化解译的技术突破，自动化程度在 95% 以上。

（5）针对我国草原类型多样、遥感信息与植被覆盖度关系复杂的特点，提出了基于不同草地类型的综合多因素分析的植被覆盖度遥感监测技术，经过地面真实性检验，平均精度达 85% 以上。

（6）制定了草原植被遥感监测完备的标准，规范从野外采样—数据处理—模型构建—精度检验等一系列操作技术。通过研发和集成遥感图像处理组件、草原植被信息专业化监测模块、专题制图模块等，建成高效稳定的草原植被遥感监测、管理和决策支持系统，实现数据处理、草原植被信息监测、信息发布等功能的规范化和流程化。

二 适用范围

该项技术已在全国尺度以及 30 个省份县域尺度得到推广应用，为各级草原主管部门提供 500 余份报告，取得显著的社会、生态和经济效益。技术适用于从县域到全国不同区域尺度的草原植被时空动态信息监测，实现从点到面的精准、快速动态管理。

三 应用方法

采用天空地立体监测技术，获取草原植被信息，主要措施包括：

（1）基础地理数据准备。收集草原类型分布矢量边界数据、土地利用数据、数字高程模型数据，对数据进行预处理，标定统一投影坐标系统。

（2）遥感数据准备。遥感数据经过几何纠正、辐射校正、大气校正、图像镶嵌等预处理，建立草原植被生长季5~9月多期中高分辨率遥感数据集。

（3）植被指数构建。利用遥感影像中的红、绿、蓝、近红外等波段信息，构建归一化植被指数、增强植被指数等。

（4）地面样方采集。选择具有代表性、可操作性的植被群落布设样地，一个样地3个样方，每个样方大

历年全国草原监测报告

小 1m×1m，记录植被种类、植被高度、盖度等；采用收割法将样方内的植株齐地面刈割，称取其鲜重，并带回实验室烘干，称取其干重。

（5）草原监测模型构建。采用多年长时间序列地面样地数据和遥感植被指数数据，建立时空高精度匹配样本数据集，构建草原返青、长势、产草量、覆盖度、沙化等遥感监测模型。

（6）监测模型验证。结合地面验证样地数据，对草原不同监测指标进行精度验证，各模型总体精度80%~90%以上。

（7）草原动态遥感监测。采用地面和遥感耦合的遥感反演模型，开展草原返青、长势、产草量、覆盖度、沙化等指标的动态监测，及时、全面掌握草原区的植被生态状况。

四 典型案例

应用该技术开展了2020年全国草原产草量遥感监控。

92 天然草地利用单元划分与生态系统服务评估技术

一 技术特点

　　针对天然草地利用粗放无序和退化沙化突显的现状，聚焦三北生态建设和产业化发展的需要，本技术基于气候、地形、土壤和植被现状，结合遥感影像进行草地利用单元精准划分；从草地生态系统高效利用角度出发，构建了生态系统服务评价体系和价值核算方法，精准评估草地生态系统服务功能，明确草地生态价值和服务价值的重要作用，积极推动天然草地精准利用和草地农业生态系统高质量发展，形成国家标准《天然草地利用单元划分》（GB/T 34751—2017）。

二 适用范围

　　该项技术已在吉林省草甸草原区、内蒙古不同草原类型区、河北省半农半牧区、新疆山地草原区、甘肃和四川高寒草原及高寒草甸区等地进行应用示范。

三 应用方法

1. 草地利用单元划分

　　（1）判断地形的类别。根据草地的海拔、坡度、坡向等基本特征，判断地形的类别，确定其名称。

　　（2）鉴别土壤类别。根据土壤剖面特征，鉴别土壤的类别，划分到土属，确定其名称。

　　（3）确定植物群丛组名称。通过对草地进行植物群落调查与测定，获取草地种类组成、盖度、高度、产量等数据，确定草地中建群种和优势种，从而确定植物群丛组。

　　（4）根据草地的地形、土属和植物群丛组，划分草地利用单元。

2. 草地生态系统服务评估技术体系

　　（1）制定基于生态服务功能的价值核算指标体系，建立包括物质生产、气候调节、水源涵养、水土保持、固碳释氧、生物多样性保护、生态休闲、自然景观价值、社会服务等生态产品明细表。

　　（2）根据具体的核算指标，确定核算方法。

　　（3）选取典型区域，计算草原生态系统的生态产品价值。根据国家林草行业标准《草原生态价值评估技术规范》（LY/T 3321—2022），并按照草原生态系统特征，将草原生态产品分为生物质供给、水源涵养、土壤保持、防风固沙、洪水调蓄、空气净化、固氮、局部气候调节、文化旅游9个类型。

四 典型案例

1. 浑善达克沙地草地利用单元

低地—壤质盐化草甸土—碱蓬、白刺利用单元。

（1）地形特征。分布于主湖东和东南（东经116°44'19″、北纬43°21'41″），海拔1210m以下。

（2）土壤特征。剖面特征：土层0~13cm灰黑色，根毛极少，片状结构，石灰反应（++）；土层13~60cm淡黄色，粒状，石灰反应（+）；土层60~103cm淡黄和棕色柱状形（潜育层），粒状，细沙，石灰反应（+++）；土层103cm以下灰黑色（埋藏潜育层），块状。轻壤土壤理化性质：砂壤质盐化草甸土，pH值从表层向下减少，盐分在13~60cm处明显聚集（电导率），盐斑有斑块状分布。

（3）植被特征。

①植被以碱蓬、白刺、盐车前为主，散生芨芨草、马蔺等。产草量较低，主要以放牧利用为主。

②低地—壤质沼泽草甸土—芦苇利用单元。

③缓坡—壤质草甸栗钙土—芨芨草、糙隐子草草地利用单元。

④缓坡—砂壤质暗栗钙土—羊草、贝加尔针茅草地利用单元。

⑤缓坡—砂壤质栗钙土—大针茅草地利用单元。

⑥沙丘—风沙土—小叶锦鸡儿、沙竹。

2. 草原生态系统服务评估

呼伦贝尔温性草原区、锡林郭勒典型草原区、中部温性草原区的草原生态系统单位面积生态产品价值的区间为每年0.88万~2.23万元/hm²，每年平均值为1.15万元/hm²。

平地—羊草利用单元

低地—白刺碱土利用单元

加工与装备

93 优质核桃油加工与保藏关键技术

一 技术特点

针对热榨核桃油营养物质损失严重及贮藏期间易因氧化腐败引发变质问题，采用冷榨技术，通过脱酸、脱胶、脱水等新工艺生产优质核桃油。经对贮藏温度、抗氧化剂、包装材料、气体成分等因素控制，产品贮藏期 3 年以上，贮后品质达到国家食用油一级标准。

（1）精炼工艺条件。在搅拌速度 60r/ 分钟、加水量 3% 和温度 60℃的条件下脱胶，在碱炼温度 55℃、碱液浓度 10% 和搅拌速度 60r/ 分钟的条件下脱酸，在真空度 0.09MPa、温度 85℃的条件下干燥 20 分钟，在凹凸棒土 3%、搅拌速度 55r/ 分钟的条件下脱色 20 分钟。

（2）贮藏条件。低温贮藏，添加 0.02% 特丁基对苯二酚（TBHQ）的抗氧化剂，抽真空密封，用有色瓶避光灌装，20℃下贮藏，货架期可达到 3 年。

（3）理化指标。折光指数 1.472，相对密度 0.912，碘值 154g/100g（以 I 计），皂化值 193mg/g（以 KOH 计），不皂化物 0.8g/kg，色泽黄 7.0 红 0.8（罗维朋比色槽25.4mm），水分及挥发物 0.04%，不溶性杂质 0.01%，酸值 0.1mg/g（以 KOH 计），过氧化值 0.8mmol/kg，气味、滋味正常，无异味，澄清、透明。

（4）主要脂肪酸和维生素 E 含量。棕榈酸 5.7%、硬脂酸 1.5%、油酸 20.8%、亚油酸61.1%、亚麻酸 10.8%，花生—烯酸 0.1%。单不饱和脂肪酸与多不饱和脂肪酸比值 1：4，总脂肪酸含量 92.7%。维生素 E 含量 28.4mg/100g，其中 γ+β 含量 21.7mg/100g，δ 含量6.71mg/100g，以 γ+β 为主。

二 适用范围

该项技术已在陕西省西安市、安康市等核桃主产区推广应用，适用于陕西及全国核桃生产与加工地区的核桃油加工与保藏。

三 应用方法

（1）烘干。核桃仁在 55℃的条件下烘干 4 小时，使其水分含量小于 5%。

（2）压榨制油。采用液压榨油机，在 40MPa、40℃的条件下榨取核桃毛油。

（3）离心过滤。运用离心机，在 4000r/ 分钟的条件下离心 20 分钟，过滤得到核桃毛油。

（4）脱胶。在核桃毛油中加入温度为 60℃的水，加水量 3%，边加边搅拌，搅拌速度 60r/ 分钟，当磷脂质点凝聚呈明显分离状态时，停止搅拌，脱胶时间 3 小时，随后进行油和皂粒的离心分离。

（5）脱酸。在核桃毛油中加入浓度为 10% 的碳酸钠溶液，温度 55℃，在此条件下搅拌，搅拌速度 50r/ 分钟，搅拌均匀后静置 1 小时，当油和沉淀物质分层明显时对其进行离心分离。

（6）脱色。在核桃毛油中加入 3% 的凹凸棒土，搅拌 20 分钟，搅拌速度 65r/ 分钟，离心过滤去除脱色剂（凹凸棒土）。

（7）干燥。把核桃毛油放入真空度 0.09MPa、温度 85℃条件下干燥 20 分钟，得到核桃精炼油。

（8）过滤。利用过滤器过滤，过滤时油温保持在 60~70℃。

（9）添加抗氧化剂。过滤后的油脂添加 0.02% 的抗氧化剂特丁基对苯二酚（TBHQ），搅拌均匀，搅拌时间为 8~10 分钟。

（10）静置沉淀。将核桃油在 5~10℃条件下罐藏静置 15 天以上，排除残渣。

（11）灌装保藏。核桃油送入灌装线灌装。采用抽真空、充氮、避光、低温（5℃）保藏。

四 典型案例

在陕西省安康市汉滨区，成功应用了优质核桃油加工与保藏关键技术。

冷榨精炼优质核桃油产品

94 沙棘枝条收割粉碎联合装置

一 技术特点

针对沙棘平茬困难的生产现状，开发了一款适用于沙漠地区的生产效率高、平茬质量好、安全性优的沙棘枝条收割粉碎联合装置，为构建完善的沙生灌木能源产业链提供技术支持。

沙棘枝条收割粉碎联合装置主要包括履带式行走机构、切割机构、粉碎机构。三大机构共用同一个动力源，为保障机械的良好工作性能，样机采用 80 马力的柴油发动机。沙棘枝条收割粉碎联合装置工作原理：通过"Y"形拨料杆和切割装置完成沙棘的收拢和切割作业；装置的切割动作由两个部分交叠的圆锯片对向高速旋转完成；两圆锯旋转轴上均设有垂直进料辊，用于将切割后的沙棘枝条拨入后方粉碎装置的喂料口；切割机构除具有切割作用外，其圆锯附带的垂直进料辊兼有进料功能；进料机构由与圆锯片作业方向垂直的进料辊及后方水平设置的进料辊共同组成，沙棘枝条在两个进料部件的共同作用下进入粉碎装置；沙棘枝条经粉碎装置作业后，在粉碎装置所产生的气流作用下通过出料口吹出。

二 适用范围

该项技术已在河北省张家口市张北县进行中试。样机升级后可在黑龙江、内蒙古、新疆等省份退耕还林和防沙治沙工程中推广应用。

三 应用方法

（1）操作流程。该机械在履带式行走底盘上附有操作舱，作业人员在操作舱内可操控行走机构实现装置的前进、后退、转向、加速等行走功能，同时通过控制切割机构、粉碎机构完成对沙棘的切割和粉碎作业。

（2）整机参数。机械作业留茬高度 50~150mm 可调，作业后劈裂率在 5% 以下，作业效率 0.025 亩 / 秒，样机发动机功率 80 马力，收割宽度 1m，外形尺寸 5.1m×2.4m×1.6m，裸机重量 2.8t。

四 典型案例

本成果在河北省张家口市张北县应用：①该机具有较好的地面仿形性能和机动性能。②切割后的沙棘根部劈裂率在 5% 以下。③平茬后，留茬高度 100~150mm，茬口相对平滑，整机作业效果良好。

沙棘枝条收割粉碎联合装置　　　　　　平茬后沙棘根部切割面

95 一种林果机械振动式采摘装备

一 技术特点

该装备采用前置激振模块，减少激振力传递损失，提高采净率；配备柔性大接触面树体夹持装置，减少对树体的损伤；使用多自由度作业臂，实现采摘夹持器多角度、多位姿作业，适应不同尺寸的树径和树高。该装备能有效解决我国三北地区特色林果采摘技术装备匮乏的实际问题，促进林果采摘机械化和集约化生产，加快了新质生产力的发展。

（1）采摘机激振能量高效传输与适配技术。围绕不同植株特性，针对树干—树枝—林果受激振响应与激振能量的刚柔传递特性，突破激振装置—夹持装置—树体之间的能量高效传输技术，减少能量损耗；创制采摘机激振装置，调控激振频率、振幅、激振时间和夹持高度等适配参数，减少对树体的损伤，提高采净率，实现低损高效的林果振动采摘。

（2）树体浮动低损夹持装置关键技术。针对刚性夹持树体时易对树体产生损伤的问题，突破浮动式缓冲防损技术，研发柔性减损装置。该夹持装置由两部分组成，树体防护部件采用高弹性聚氨酯材料与树体接触，刚性夹持部件与树体防护部件浮动连接，实现柔性传导激振能量，达到保护树体的效果。

（3）执行采摘装置柔性连接技术。针对不同地形及树体生长情况，突破 X、Y、Z 轴三旋向与竖直方向的偏差自适应技术，解决夹持装置轴线与树体轴线之间的夹角问题，使夹持装置在作业过程中始终与树木主干完全贴合，避免因夹持不重合对树木造成硬性冲撞导致树体受损；开发柔性吊装技术，创制机体减振支撑装置，降低激振装置振动对机体的连带影响，使能量传递更加精准高效。

二 适用范围

该成果已在黑龙江省佳木斯、七台河、牡丹江等部分林区进行了应用示范，并在吉林、辽宁、内蒙古等省份进行推广应用，特别适于三北地区樟子松、红松等林果的采摘，也可用于榛子、板栗、核桃等坚果机械化采摘，适用范围为全国乔木类人工林和天然林地区。

三 应用方法

林果振动式采摘装备的应用主要包括以下几步骤：

（1）装备安装。将林果振动式采摘装备安装在不同作业主机上，如挖掘机、拖拉机及带有外接作业接口的动力底盘等，确保安装稳定。作业主机需能够提供配套的液压动力，满足振动需要。

（2）参数调整。根据不同林果种类、果实成熟度、树体物理特性，调整采摘机的振幅和振频，确保既能有效地振落果实，又能减少对树体的损伤。

（3）装备操作。启动动力源，夹持作业树木，打开振动执行部件，开始振动树体，完成振动采果。操作时应遵守安全生产规程，作业人员适当穿戴防护装备，作业区域无人员站立。

（4）维护保养。定期检查设备状态，包括悬挂部件、夹持部件、振动部件，检查各部位螺栓等紧固件是否松动。

四 典型案例

在黑龙江省绥阳林业局进行了为期 6 年的示范应用，完成了超过 3000 亩以上的红松松果采摘，采摘红松近 10 万株，采净率超过 95%。每小时可完成 30 棵以上的林果采摘作业，对每棵树机械振动时间在 10 秒以内即可完成林果掉落，其作业效率较人工提升 30 倍以上。

黑龙江省绥阳红松基地松果采摘作业现场

CZ40-XE75DA 挖掘机式采摘机

CZ40-704 拖拉机式采摘机

96 低覆盖度羽翼袋沙障及其铺设机械

一 技术特点

羽翼袋沙障是一种固阻兼顾的新型组合沙障。通过底袋固沙与袋顶的羽翼的增阻消能，起到防风固沙的作用。同时，可以根据地形、风力、风速条件自行调节羽翼袋的大小以及羽翼高度，实现改变起沙风风速廓线和减弱贴地风速的目的，更加有效地固定沙丘。经风洞和野外测试表明，羽翼袋沙障平均防风效果比普通袋状沙障增加40%、输沙量减少80%、风蚀量减少40%左右。其配套的智能化羽翼袋沙障铺设装备比人工铺设显著提高铺设效率，节约铺设施工成本60%~80%，整体技术水平达到国际领先水平。

羽翼袋沙障实现了阻固一体、动静结合的治沙创新。羽翼袋沙障原理为在传统袋状沙障的基础上增加一个可随风波动的"羽翼"，既增大地表的阻力，又降低近地层风速，达到底袋固沙、羽翼消风的作用，使传统的静态固沙转化为动态固沙。该技术已在中国多个地区进行实地铺设实验，验证了羽翼袋沙障具有比较理想的防风固沙效果。

二 适用范围

羽翼袋沙障适用于干旱区、半干旱区及极端干旱区，不同气候区选材的降解年限不同。在半干旱区选用3~5年可降解的沙障材料；在干旱区选用10~20年可降解的沙障材料；极端干旱区选用20~30年可降解的沙障材料。半干旱区使用材料以植物基为原料，可在土壤中经微生物作用分解为CO_2和H_2O，具备一定使用寿命，又可达到生物降解，不会对环境造成二次污染。干旱区及极端干旱区使用的材料为加厚篷布，材料寿命可达20~30年。

三 应用方法

沙障布设模式有带状和网格两种。带状布设适用于单风向为主风向的地区，沙障布设方向与当地主害风方向垂直，可沿沙脊线进行布设。根据不同防护目标和效果，羽翼袋沙障羽翼与底带的高度可以灵活改变。

羽翼袋沙障各固沙单元均可实现移动，因而可根据风沙危害程度大小调节羽翼袋沙障各组合单元的配置模式，在沙障被流沙掩埋时，可通过提拉沙障恢复其固沙效果，实现"障随沙长，沙随障高"，使传统的静态固沙转为动态固沙。

四 典型案例

　　羽翼袋沙障先后在乌兰布和沙漠、巴丹吉林沙漠、科尔沁沙地、毛乌素沙地等地区建立示范基地。其中，乌兰布和沙漠示范区对羽翼袋沙障规格进行大量示范与筛选，其中包括底袋直径（200mm、250mm、300mm）与羽翼高度（3cm、5cm、7.5cm、10cm）组合模式 12 种、羽翼孔隙度 6 种（0%、10%、30%、50%、60%、80%）、羽翼模式 4 种（全段式、间断式、间歇式、多段式）、排列方式 3 种（单排、双排、网格）。基于大量野外及风洞试验，建议当来流风速小于 9m/ 秒时，使用规格 100mm×50mm、125mm×38mm、125mm×94mm；当来流风速为 12m/ 秒时，使用规格 100mm×50mm、100mm×75mm、150mm×45mm；羽翼模式建议使用全段式与间歇式，羽翼孔隙度推荐 60%、80%。沙障可根据当地的沙害类型设计，以满足多种类型、多种规格的铺设要求，可按照固、阻、输等不同的防护目的，形成因地适沙的完整防沙治沙技术体系。

羽翼袋沙障

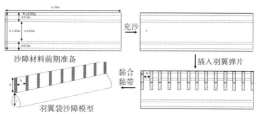

翼沙障制作流程（以 200mm×200mm 尺寸为例）

注：a 为所用材料的长度（10m）；b 为所用材料的宽度（1.02m）；c 为黏袋的宽度（0.05m）；d 为羽翼高度（0.2m）；e 为底带的周长（周长 0.62m）；f 为沙子；g 为由 PET 塑钢（0.26m×0.05m）制成的翼片弹片；h 为两个弹片之间的宽度（0.3m）；i 为底部带直径（0.2m）。

羽翼袋沙障野外示范

智能化羽翼袋沙障铺设机械

97 网式材料沙障铺设机

一　技术特点

该成果实现了对可降解纱网沙障的工厂化生产与商品化供应及其机械化施工，提高了施工效率，克服了沙障材料无工业产品、稳定供应的不足，实现了铺设机械小型化。无论是网式沙障还是铺设机械，均便于在沙区进行运输和施工作业。该成果的推广应用效果显著，有力地促进了治沙机械化进程。

（1）网式材料沙障铺设机集机械、液压和智能控制为一体，实现了流动沙丘上铺设纱网沙障机械化作业，工作状态下可完成对可降解纱网沙障材料的松开、夹紧、输送和熔断等工序的智能控制。

（2）机械化铺设纱网沙障埋深 150~200mm，地上部分高度 200~250mm，呈立式、"S" 形皱褶状，作业速度是人工铺设速度的 24 倍，显著提升了作业效率和作业质量，有效降低沙障铺设成本，缓解了季节性用工紧张问题。

（3）构建了干旱半干旱区沙地及沙化草地可降解沙障机械化铺设技术作业模式。

二　适用范围

该项成果已在乌兰布和、库布齐、毛乌素、巴音温都尔等沙漠（地）进行了应用示范，可在干旱半干旱地区的沙漠、沙地以及沙化草地治理中推广应用。

三　应用方法

（1）利用网式沙障铺设机在毛乌素沙地腹地的沙丘迎风坡铺设网式沙障 220 亩，沙障铺设间距为 4m，压入深度 192mm，地上出露高度 218mm，沙障竖直度 30.6°。沙障铺设后，铺设区域风蚀得到有效控制，2 年后沙面稳定，无继续风蚀现象，植被自然恢复效果显著，平均盖度近 15%。植物种主要有油蒿、沙米、虫实、猪毛菜、雾冰藜等。

（2）利用网式沙障铺设机在锡林郭勒盟乌拉盖重度沙化草地铺设网式沙障 200 亩，间距为 2m，压入深度 161mm，地上纱网高度 239mm，沙障竖直度 35.8°。铺设网式沙障后，地表风蚀得到有效控制，铺设翌年植物种类增加至 17 种，植被盖度提高了30.5%。

四 典型案例

2020年8月15日，在地处毛乌素沙地腹部的鄂尔多斯市乌审旗乌兰陶勒盖镇乌兰陶勒盖试验区（东经109°17′29.28″、北纬39°48′2.73″、海拔1298.4m）的沙丘迎风坡，开展了植物纤维型网式沙障机械铺设试验示范，网式沙障沿沙丘等高线铺设。

2021年4月29日，在位于典型草原区的锡林郭勒盟乌拉盖管理区蒙草试验基地（东经119°22′42.25″、北纬45°57′18.81″、海拔1089.5m）的沙化草地风蚀坑开展了植物纤维型网式沙障机械铺设试验示范。

网式沙障的机械化铺设时，铺设机行进速度（沙障铺设速度）为3~4.5km/小时，在设定沙障铺设带间距为4m的情况下，每小时可铺设网式沙障18~27亩，即效率为1.2~1.8hm^2/小时；在沙障铺设带间距宽为6m的情况下，每小时可铺设网式沙障27~40.5亩，即铺设效率为1.8~2.7hm^2/小时。

铺设网式沙障后，于沙障迎风侧15~30cm至背风侧50~70cm范围内为积沙区，平均积沙厚度为5.3cm，最大积沙厚度为9.5cm；在沙障带间中心线两侧出现风蚀区，平均风蚀深度为15.2cm，最大风蚀深度为25cm。由此，在障间形成了稳定的"凹"形面，起到了防风固沙作用，为植物生长创造了良好的环境条件。

纱网沙障机械化铺设作业（毛乌素沙地）

纱网沙障机械化铺设作业（乌拉盖重度沙化草地）

流动沙丘治理区植被恢复效果

重度沙化草地治理区植被恢复效果

98 网膜沙障铺设机

一　技术特点

针对我国工程治沙的机械化程度较低，人工铺设沙障投入劳动成本高、效率低且不规范，影响沙障防护功能的发挥，不利于大面积防沙治沙等问题。该成果具有模块化的独立铺设单元，可以根据地面的起伏情况进行工位数配置，同时具有自动化程度高、地形自适应能力强等特点，能适应复杂地形作业，提高我国北方沙区流沙治理工程的机械化程度。

二　适用范围

该项成果适用于甘肃、新疆、内蒙古、宁夏等省份流沙地治理和沙区造林辅助工程，已推广应用于河西走廊、玛曲高寒沙区防沙治沙等生态治理工程，推广面积5000余亩。

三　应用方法

（1）半隐蔽式网膜沙障布设根据气象资料以及沙丘、沙纹的形态特征，确定布设地主风向，按沙障行带的走向同主风向垂直的原则进行布设。网材可选用塑料网、尼龙网、聚乳酸（PLA）网、土工布等多种网膜沙障材料。网宽40cm，上疏下密，疏网孔隙度为30%~40%，密网孔隙度为5%~10%，网材密的一面呈"V"形埋入沙中，埋入沙面部分网宽25~30cm，疏的一面露出沙面10~15cm，露出地面部分为迎风面，露出地面的网膜沙障材料在无风条件下平铺在沙面上，在风力作用下网膜竖立阻挡风沙。根据地形确定行间距，坡度越大，行间距越小，沙障行带间距为0.8~1.2m。

（2）半隐蔽式网膜沙障铺设机主要由开沟、脱膜、展膜和埋沟等机构组成，由拖拉机牵引作业。

（3）机械铺设的半隐蔽式带状网膜沙障，作为造林辅助工程用以固定流沙，结合低覆盖度行带式造林，形成机械化网膜沙障+低覆盖度造林集成治沙技术模式。

四　典型案例

（1）在民勤西沙窝成功应用网膜沙障铺设机，铺设行距宽1m的网膜带状沙障，较人工铺设，该沙障铺设机可节约劳动力 43 工日 /hm^2，降低治沙成本 40.2% 以上；机械化铺设的网膜带状沙障较人工铺设更加稳定，防护效果好，人工铺设的带状网膜沙障区植被盖度增加 26.83%，机械铺设的带状网膜沙障区增加 38.92%，近地面 0~4cm 高度范围内平均阻沙率达到了 78.86%，网膜沙障铺设区当年平均积沙厚度 2.25cm。

（2）在古浪八步沙成功应用网膜沙障铺设机，铺设宽 1m 的半隐蔽式网膜带状沙障 + 低覆盖度两行一带花棒 / 沙木蓼造林技术，造林成活率 82%，建设当年植被覆盖度达到 9.6%，第二年植被覆盖度达到 28.3%。

机械化半隐蔽式网膜沙障 + 低覆盖度造林效果

99 多功能固沙集成技术装备

一 技术特点

多功能立体固沙集成技术装备是我国首次研制具有自主知识产权的，集成散草沙障铺设、苗条插植、喷播、割灌平茬等多功能于一体的自行式荒漠化治理和植被恢复关键技术装备。该集成技术装备处于国际领先水平，推动了荒漠化治理行业的科技进步。

二 适用范围

该项成果已在内蒙古锡林郭勒盟正蓝旗、正镶白旗，呼伦贝尔市陈巴尔虎旗赫尔洪德镇及甘肃武威等地的防沙治沙工程中推广应用。

三 应用方法

多功能立体固沙技术装备是草方格沙障机械化建植工艺的主要载体，具体技术主要体现在使用散草或草帘快速建植草方格沙障，可实现纵横向散草的快速分、剪、输送。

（1）通过链传动驱动的间歇送草装置和剪切分层装置，分别完成间歇性送草以及对散草的剪切分层，实现输草厚度精准控制，并顺利将草输送达指定位置。

（2）通过纵向高频圆盘压入、横向摆动和双向旋转步进式散草压入等完成草方格建植；通过并联机构装置系统，可实现苗条插入。

（3）基于可调的纵向、横向插植工作机构，实现草沙障尺寸规格、速度、草量和间隔的连续可调，创制沙障尺寸可调的新工艺；基于沙地地形的"数字沙障"理论，优化草沙障及插条、播种的自动控制参数，实现沙障科学铺设。

多功能固沙集成技术装备在内蒙古呼伦贝尔陈巴尔虎旗赫尔洪德镇现场作业

四 典型案例

组织实施了祁连山北部防风固沙项目、甘肃建投凉州区机械治沙示范项目、民勤县机械治沙示范项目和古浪县机械治沙示范项目等。

多功能固沙集成技术装备在甘肃武威巴丹吉林沙漠附近的制造基地

100 防风固沙草方格铺设机

一 技术特点

针对草方格铺设机械化程度低、人工劳动强度大等问题，以麦田或稻田中收获的秸秆草捆为原材料，研制了新型防风固沙草方格铺设机，实现秸秆向地面铺设和秸秆压入地面全过程去人工操作设计，无需预先编制草帘子及人工预先铺设在地面的辅助工序，节约铺设成本、降低劳动强度，实现了防风固沙草方格铺设全程机械化。

（1）梳散—分拨—排布连续化草捆处理机构，有效避免了散放的秸秆不直、叶子交联等复杂因素对铺设效果的影响，可直接使用麦田或稻田中收获的草捆作为原材料，将成捆的秸秆放置在新型草方格铺设机的料仓内进行草方格铺设作业。

（2）铺草—压草一体化铺设机构，实现了秸秆由机器向地面铺设并压入地面过程的自动化，有效克服了弱风吹动对草方格铺设作业的影响。

（3）具有牵引型、自走型多种实现方案，降低草方格铺设机的购置成本。

自走型草方格铺设机具有发动机、离合器、变速器、驱动桥和驱动轮等自走装置，设有驾驶员和操作员工位，可以独立完成行走和草方格铺设作业，具有性能稳定、协调性好、可靠性高等优点；牵引型草方格铺设机采用通用拖拉机牵引实施草方格铺设作业，具有压低草方格铺设机购置成本的优点。

二 适用范围

面向沙漠地区应用，防风固沙草方格铺设机适用于三北地区沙漠治理过程中的防风固沙工程，包括巴丹吉林沙漠、腾格里沙漠、塔克拉玛干沙漠、库布齐沙漠、乌兰布和沙漠等。

三 应用方法

牵引型草方格铺设机需由拖拉机牵引行进，主要铺设 1m×1m 规格草方格沙障。主要措施包括：

（1）将秸秆草捆置于草方格铺设机料仓内，并打开草捆。

（2）拖拉机牵引草方格铺设机沿直线行进。

（3）操作员操控机器将料仓内秸秆铺设到沙地中，形成一排沙障。

（4）草方格铺设机往复行走，铺设出间距 1m 或其他规格的多排纵向沙障。

（5）改变草方格铺设机行走方向，在已铺就的纵向沙障上继续铺设横向沙障，多排纵向沙障与多排横向沙障交错形成方格沙障。

四　典型案例

牵引型草方格铺设机在内蒙古赤峰等地进行草方格沙障铺设示范作业，使用散草铺设草方格，展现节省人工、提高效率的效果。

牵引型防风固沙草方格铺设机的一种实施应用

附　录

三北地区重点推广林草科技成果信息

序号	成果名称	第一完成单位	第一完成人
1	'尉犁黑枸杞'黑果枸杞良种	新疆林业科学院	王建友
2	'龙杞3号'枸杞良种	黑龙江省林业科学院齐齐哈尔分院	温宝阳
3	'楚伊'等沙棘良种	中国林业科学研究院林业研究所	张建国
4	'农大7号'欧李良种	山西农业大学	杜俊杰
5	'大果沙枣'东方沙枣良种	新疆林业科学院	热合木吐拉
6	'树上干杏1号'杏良种	新疆伊犁哈萨克自治州林业科学研究院	丛桂芝
7	'蒙冠1号'等文冠果良种	内蒙古赤峰市林业科学研究所	乌志颜
8	'华仲12号'等杜仲良种	中国林业科学研究院经济林研究所	杜红岩
9	'辽榛3号'等榛子良种	山西省林业和草原科学研究院	郭学斌
10	'风姿1号'刺槐良种	河北农业大学	杨敏生
11	'天楸1号''洛楸1号'等楸树良种	中国林业科学研究院林业研究所	王军辉
12	枸杞良种配套栽培及种苗繁育技术	宁夏农林科学院	石志刚
13	花椒提质增效关键技术	陕西省林业科技推广与国际项目管理中心	原双进
14	文冠果高效栽培关键技术	陕西省榆林市林业科学研究所	张继娜
15	长柄扁桃优良品种选育及丰产栽培技术	陕西省林业科学院	施智宝
16	核桃提质增效关键技术集成	陕西省林业科技推广与国际项目管理中心	王　锐
17	抗裂果枣新品种选育及栽培技术	河北省林业和草原科学研究院	王振亮
18	文冠果优良单株选择及繁育技术	吉林省长春市林业科学研究院	孙长彬
19	小兴安岭野生榛子良种选育与栽培技术	黑龙江省林业科学院伊春分院	倪柏春
20	酸枣优良专用型良种品系选育及栽培技术	沈阳农业大学	刘青柏
21	野生中药材仿生栽培关键技术	吉林农业大学	韩忠明
22	高寒地区林下食用菌人工繁育及生产示范	青海师范大学	谢惠春

序号	成果名称	第一完成单位	第一完成人
23	北方特色花灌木优良新品种及产业化关键技术	北京林业大学	张启翔
24	青海云杉扦插育苗技术	中国林业科学研究院林业研究所	王军辉
25	干旱半干旱区柽柳夏季露天容器硬枝扦插育苗方法	新疆林业科学院	李 宏
26	科尔沁沙地彰武松选育与栽培技术	辽宁省沙地治理与利用研究所	王 浩
27	毛乌素沙地樟子松人工林培育关键技术	陕西省榆林市林业科学研究所	张泽宁
28	生态经济林配置优化模式与抗逆栽培技术	新疆林业科学院	刘 康
29	青藏高原干旱区优良灌木树种繁育技术	中国林业科学研究院林业研究所	王军辉
30	荒漠原生树种人工培育与产业化示范技术	内蒙古巴彦淖尔市沙漠综合治理中心（巴彦淖尔市林业科学研究所）	张宏武
31	人工林智能滴灌水肥一体化栽培技术体系	中国林业科学研究院华北林业实验中心	兰再平
32	主要树种和典型林分森林质量精准提升经营技术集成	中国林业科学研究院林业科技信息研究所	陈绍志
33	人工林多功能经营技术体系	中国林业科学研究院资源信息研究所	陆元昌
34	西北天然林林分状态综合评价与经营技术	中国林业科学研究院林业研究所	惠刚盈
35	林木栽培全程鼠（兔）害无害化调控技术	西北农林科技大学	韩崇选
36	重大林木蛀干害虫——栗山天牛无公害综合防治技术	中国林业科学研究院森林生态环境与自然保护研究所	杨忠岐
37	枸杞病虫害监测预报及安全防控技术	宁夏农林科学院	何 嘉
38	环塔里木盆地特色果树主要病虫害防控技术	新疆林业科学院	李 宏
39	南疆林果重大有害生物无害化防控技术	新疆林业科学院	张新平
40	森林雷击火风险预警预报技术	中国林业科学研究院森林生态环境与自然保护研究所	王明玉
41	我国北方草地害虫及毒害草生物防控技术	中国农业科学院草原研究所	刘爱萍
42	内蒙古草原害虫生物防治技术	内蒙古草原工作站	张卓然
43	鼢鼠鼠害防控技术	甘肃农业大学	苏军虎
44	草原蝗虫综合防治技术	内蒙古草原工作站	高文渊
45	困难立地植被恢复关键技术	陕西省林业科技推广与国际项目管理中心	宋宪虎
46	干旱、极端干旱区的沙区梭梭生长季直播造林方法	新疆林业科学院	李 宏

序号	成果名称	第一完成单位	第一完成人
47	干旱半干旱地区困难立地生态修复关键技术	西安理工大学	李 鹏
48	北方丘陵山地生态经济型水土保持林体系建设关键技术	河北农业大学	王志刚
49	冀西北坝上地区防护林退化机制及改造技术	河北农业大学	许中旗
50	沙枣繁殖及苏打盐碱地造林技术	吉林省林业科学研究院	陶 晶
51	河西走廊抗旱灌木种类筛选及造林关键技术	甘肃农业大学	单立山
52	沙区优良灌木造林技术	内蒙古林业科学研究院	郭永盛
53	毛乌素沙地衰退灌木林更新复壮技术	陕西省榆林市林业科学研究所	肖建明
54	绿洲多层次整体防护林体系构建技术	中国林业科学研究院生态保护与修复研究所	贾志清
55	典型生态脆弱区植被建设技术	河北省林业和草原科学研究院	赵广智
56	典型高寒沙区植被恢复技术	中国林业科学研究院生态保护与修复研究所	贾志清
57	防风固沙林体系优化模式	内蒙古林业科学研究院	闫德仁
58	塔克拉玛干沙漠绿洲外围防风固沙体系及流动沙丘固定技术	新疆林业科学院	贾志清
59	准噶尔盆地南缘生态修复与绿洲防护体系建设技术	新疆林业科学院	刘 康
60	石羊河中下游河岸植被恢复与沙化防治技术	甘肃省治沙研究所	刘世增
61	毛乌素沙地彰武松、班克松引种扩繁及固沙造林技术	陕西省林业科学院	史社强
62	陕北抗旱造林综合配套技术	陕西省林业科技推广与国际项目管理中心	宋宪虎
63	民勤绿洲边缘退化防护体系修复技术	甘肃省治沙研究所	徐先英
64	活沙障建植技术与功能保育	甘肃省治沙研究所	张大彪
65	内蒙古巴彦淖尔市盐碱地造林技术	内蒙古巴彦淖尔市沙漠综合治理中心（巴彦淖尔市林业科学研究所）	郭永祯
66	干旱荒漠区煤炭基地生态修复适宜技术体系及模式	北京林业大学	郭小平
67	土壤改良剂及其制备方法和造林地盐碱化土壤改良技术	新疆林业科学院	鲁天平
68	黄土丘陵区生态综合治理模式	宁夏宁苗生态建设集团股份有限公司	化 荣

序号	成果名称	第一完成单位	第一完成人
69	冀北沙化土地生物综合治理技术	河北省林业和草原科学研究院	邢存旺
70	高寒矿区生态修复关键技术	青海大学	李希来
71	沙地贫瘠土壤地力保育技术	内蒙古林业科学研究院	王晓江
72	腾格里、巴丹吉林沙漠交会处综合治沙技术	内蒙古阿拉善盟林业草原研究所	田永祯
73	低覆盖度防沙治沙的原理与技术	中国林业科学研究院生态保护与修复研究所	杨文斌
74	科尔沁沙地全域治理技术	中国林业科学研究院生态保护与修复研究所	卢　琦
75	宁夏土地沙漠化动态监测与农田防护体系优化技术	宁夏农林科学院	左　忠
76	湿地资源遥感快速监测与综合分析技术	中国林业科学研究院资源信息研究所	张怀清
77	基于遥感反演的沙化草地生物量评价技术	中国林业科学研究院生态保护与修复研究所	吴　波
78	耐盐高产中苜系列苜蓿新品种的选育与应用技术	中国农业科学院北京畜牧兽医研究所	杨青川
79	北方退化草原改良及合理利用技术	中国农业大学	张英俊
80	退化草地植被恢复与重建技术	农业农村部环境保护科研监测所	杨殿林
81	高原天然草地保护及合理利用技术	中国科学院西北高原生物研究所	周国英
82	高寒地区退化草原综合治理技术	青海省草原总站	冯廷花
83	三江源区沙生草种大颖草繁殖技术	青海省草原总站	乔安海
84	高寒退化草地定量评价及分类分级恢复技术	青海大学	董全民
85	盐碱化草地植被重建与利用技术	山西农业大学	董宽虎
86	北方草地退化与恢复机制及其健康评价技术	兰州大学	南志标
87	三江源区不同坡度退化高寒草地恢复与保护技术	中国科学院西北高原生物研究所	周华坤
88	青藏高原高寒草地生态保护与恢复技术	北京林业大学	董世魁
89	退化草原生态修复技术体系及修复模式	蒙草生态环境（集团）股份有限公司	王召明
90	半干旱天然打草场生态修复技术	中国农业科学院农业资源与农业区划研究所	辛晓平
91	草原植被遥感监测关键技术	中国农业科学院农业资源与农业区划研究所	徐　斌
92	天然草地利用单元划分与生态系统服务评估技术	内蒙古农业大学	韩国栋

序号	成果名称	第一完成单位	第一完成人
93	优质核桃油加工与保藏关键技术	陕西师范大学	张润光
94	沙棘枝条收割粉碎联合装置	中国林业科学研究院	傅万四
95	一种林果机械振动式采摘装备	国家林业和草原局哈尔滨林业机械研究所	汤晶宇
96	低覆盖度羽翼袋沙障及其铺设机械	中国林业科学研究院生态保护与修复研究所	杨文斌
97	网式材料沙障铺设机	内蒙古林业科学研究院	张文军
98	网膜沙障铺设机	甘肃省治沙研究所	唐进年
99	多功能固沙集成技术装备	北京林业大学	刘晋浩
100	防风固沙草方格铺设机	东北林业大学	常同立